やさしいイラストで
しっかりわかる

岩石のきほん

石がかたいのはなぜ？ いろいろな石があるのはどうして？
地球の活動を読み解く岩石の話

下司信夫 著　斎藤雨梟 絵

はじめに

下司信夫

こんにちは。この本の文章を書いた下司信夫です。『岩石のきほん』へようこそ。これから岩石の「なぜ？」があれこれわかる旅へみなさんをお連れします！

斎藤雨梟

こんにちは。この本の絵を描いた斎藤雨梟です。石って、かたくて重くて、ときどき妙にきれいなのがあって、どうしてそのへんに転がっているのか、もう不思議だらけの存在ですね

そうですね。みなさんも小さな頃は誰しも石が大好きで、お気に入りの石を拾って集めたりしていたのではないでしょうか

待ってください。誰しも石が大好きで拾っていたということはないのでは？ いえ、私はけっこう好きでしたが

えっ!? そうでしょうか

……たぶん。とはいえ、この本をわざわざ手に取ったみなさんは、岩石に少し興味があって、「石なんてみんな同じ」などとは、きっと思っていないでしょう。それくらいの興味があれば誰でも、この本を楽しんで役立てられますよね

もちろんです！ 石はしゃべりませんが、その「声」を聞く方法をつかめば、地球のなりたちから、地球で暮らす知恵まで、いろいろなことを教えてくれるんです。そんな岩石のひみつを見にいきましょう

楽しい旅になりそうです。私も、びっくりするほど多種類の石があることは知ってましたが、正直、なぜこんなに多様なのか、これまで理由を深く考えていませんでした

そこ、大事なところです！

はい。
地球の石がこれほど個性豊かな理由は「地球が生きているから」だったんですね。
この本をきっかけに、そういう目で振り返ったとたん、これまでの知識の断片がつながってすごく新鮮でした。
みなさんにも味わってほしい感覚です！

「地球が生きている」には、地球内部の熱がまだ残っていることや、地表に生き物がいることなど、いろいろな意味があるのですが、

それは読んでのお楽しみですね

そして読み終わったらぜひ、海や山の自然の中や、街の中に岩石を見にいってほしいです

背景にあるお話を知るだけで、石へのアンテナ精度が上がって、石ウォッチングが格段に楽しくなりますからね。岩石はちょっとやそっとでは壊れてなくなったりしないし、流行りすたりもなく、のんびり楽しめそうなところもいいです

きほんを知ったあと、もっと知りたくなったら何をどうやって学べばいいかの手がかりも、本の中に盛り込みましたよ

未来の岩石博士への入り口だ！

では、この本の案内役のキャラクターたちも待ちきれずに出てきてしまったことですし、そろそろ出発しましょう！

もくじ

はじめに ……002

Chapter 1
岩石とはなんだろう

01 岩石とはなんだろう ……008
02 岩石はどこにある ……010
03 岩石をつくるものはなに ……012
04 鉱物ってなんだろう ……014
05 地下の宝物：鉱石 ……016
06 岩石でできた天体 ……018
07 太陽系最初の岩石 ……020
08 集まって融けて地球ができた ……022

【きほんミニコラム】
氷は岩石？ ……024

Chapter 2
岩石の性質

09 石はなぜかたい ……026
10 かたい岩石・やわらかい岩石 ……028
11 岩石は割れる ……030
12 岩石も流れる ……032
13 石が重いのはなぜ ……034
14 いろいろな岩石の密度 ……036
15 岩石の成分と密度 ……038
16 岩石はなぜ冷たい ……040
17 色とりどりの岩石 ……042
18 岩石を染める鉄のいろいろ ……044
19 小さな鉱物が石の色を決める ……046
20 ごつごつした岩石 ……048

【きほんミニコラム】
岩石で料理をつくろう ……050

Chapter 3
さまざまな岩石

21 岩石のでき方はいろいろ ……052
22 流れで運ばれた岩石の粒 ……054
23 どうして砂や泥がかたい岩石になるの ……056
24 生き物の体が石になる？ ……058
25 化石 ……060
26 マグマが冷えて固まった火成岩 ……062
27 マグマがゆっくり冷えた岩石 ……064
28 マグマが急速に冷えた岩石 ……066
29 粉々になったマグマがくっついた岩石 ……068
30 海が干上がってできた岩石 ……070
31 水から沈殿した岩石 ……072
32 岩石の大変身"変成岩" ……074
33 マグマに焼かれた岩石 ……076
34 地下深くまで押し込められた岩石 ……078
35 マントルは宝石のかたまり ……080
36 宇宙から降ってくる岩石 ……082

【きほんミニコラム】
月や火星の落とし物 ……084

Chapter 4
岩石のうつりかわり

37 かたい岩石も削られる ……086
38 岩石がいつの間にかぼろぼろに ……088
39 岩石から砂粒に ……090
40 岩石が溶ける ……092
41 かたい岩石から土ができる ……094
42 温泉にゆでられた岩石 ……096
43 岩石も水を吸う？ ……098

【きほんミニコラム】
さざれ石が巌となるとは？ ……100

Chapter 5
岩石誕生のひみつ

44 岩石の古さはどうやって測る ……102
45 地球で一番古い岩石 ……104
46 日本列島でもっとも古い岩石 ……106
47 できたての岩石 ……108
48 いまもどこかで岩石ができている ……110

【きほんミニコラム】
地球の年齢 ……112

Chapter 6
役に立つ岩石

49 岩石はもっとも古い道具 ……114
50 鋭く割れる岩石を求めて ……116
51 丈夫な岩石の使い方 ……118
52 かたい岩石はいつまでも ……120
53 ひんやりとした石の倉庫 ……122
54 うつくしい岩石 ……124
55 自然のまねをしてつくった岩石 ……126
56 岩石は宝の山 ……128
57 きれいな石はみんな好き ……130

【きほんミニコラム】
大理石とみかげ石 ……132

Chapter 7
岩石を感じてみよう

58 岩石を調べてみよう ……134
59 岩石を探そう ……136
60 石材を見てみよう ……138
61 もっと岩石を知るなら博物館やジオパーク ……140
62 ジオパークはほんものの博物館 ……142

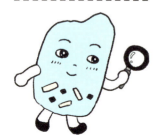

Chapter 1

岩石とはなんだろう

01 岩石とはなんだろう

「岩石」とは、文字どおり岩や石のことです。地球や惑星を研究する分野では、地球などの天体の固体部分をつくっている、おもに鉱物の集合でできている固体物質のことを岩石とよんでいます。

地球にあっても固体ではない物質は岩石とはよびません。たとえばマグマが冷え固まると火成岩という岩石になりますが、融けている状態のマグマは液体なのでまだ岩石ではありません。砂や泥の粒子は細かく砕けた岩石なのですが、そうした砂や泥の粒の集まりはさらさらと崩れてしまうので岩石とはいえません。砂や泥の粒が互いに接着してひとかたまりの固体になると、それは砂岩や泥岩とよばれる岩石となるのです。雪や氷河のような自然にある氷も固体ではありますが、ふつうは岩石とはよびません。なぜなら、地球上の大部分の場所では氷はやがて溶けたり蒸発したりしてしまいますし、固体の氷河でも地面と一体化していなくて流れてしまうからです。しかし太陽から離れた小惑星や衛星、彗星にはおもに氷でできているものも存在します。そうした天体では氷もまた岩石と見なしてもよいのかもしれませんね。

人間がつくったもの、たとえばコンクリートやガラスは固体でその成分は天然の岩石とほとんど同じなのですが、自然界でつくられたものではないので岩石とは見なされません。生き物をつくる骨や殻も、それが生きている間は岩石とはよびません。なぜならそれらは地球そのものを構成していないからです。でも、地層の中に取り込まれた生物の化石は岩石の一部と見なされます。

固体でできている地球は、いわば岩石のかたまりです。私たちが暮らす地面の下には、どこにでも岩石が存在しているのです。そんな身近な岩石の不思議を見ていきましょう。

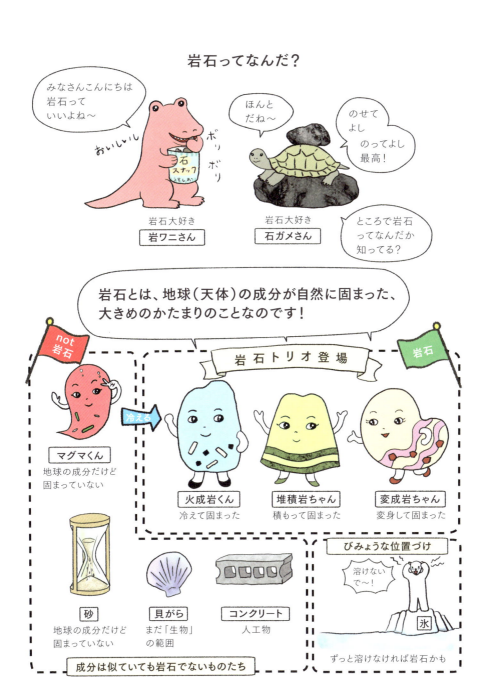

02 岩石とはなんだろう

岩石はどこにある

　身近に自然の岩石があるという人は少ないかもしれません。それは、多くの人が暮らす平野や盆地のような比較的平らな場所は砂や土などのやわらかい堆積物で覆われていて、岩石が覆い隠されていることが多いからです。でも、その堆積物の下にはかたい岩石が広がっています。

　地球をつくる岩石は、地表から地下深くに向かって次第にその種類や化学組成が変わってきます。そして地下深くなるほど、密度が大きな岩石からできています。私たちの身近にある、地球のもっとも表面をつくる岩石は、ケイ素やアルミニウム、ナトリウムなどの軽い元素が多く含まれる花崗岩やそれが砕けてできた砂や泥が固まった堆積岩です。地表から10〜20kmほどの深さになると、ケイ素が少なく、鉄などの重い元素を多く含むはんれい岩などが分布しています。地表から数10kmまでは、こうした身近に見られる岩石からつくられている地殻とよばれる部分が広がっています。地殻の下はマントルとよばれる部分で、地殻をつくる岩石よりもずっとケイ素が少なく、鉄やマグネシウムを多く含むかんらん岩とよばれる岩石からできています。地殻とマントルの岩石は密度も化学組成も大きく異なるので、マントルをつくる岩石はなかなか地表には現れません。マントルは地表から約2900kmの深さまで続いています。2900kmから地球の中心までは、鉄やニッケルからなる金属でできています。地殻とマントルをあわせると、地球の体積のおよそ83％は岩石でできているのです。

　地球の近くにある水星や金星、火星と、地球のまわりを回っている月は、やはりどれも地球と同じような岩石からできている天体で、岩石惑星ともよばれます。もっと小さな天体である小惑星のほとんども岩石でできていて、それが地球に落下してきたものが隕石です。

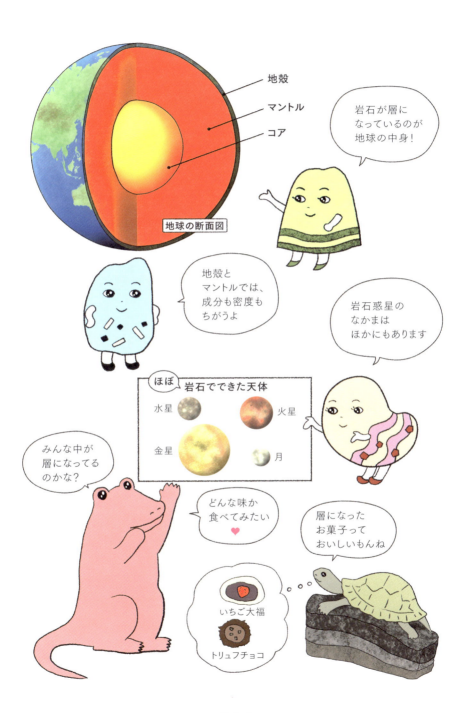

03 岩石とはなんだろう

岩石をつくるものはなに

　岩石の成分はなんでしょう？　私たちが見ている地球上の岩石のほとんどは、じつは酸素をおもな成分としています。宇宙では酸素は水素やヘリウムの次に多く存在する元素で、地球の表面付近の岩石でできている地殻の体積の90％以上、重さの半分近くは酸素でできているのです。岩石はなんと酸素のかたまりなのです。

　酸素はほかの元素と結びつく力が強いので、さまざまな元素、たとえばケイ素やアルミニウムなどと結びついて"酸化物"をつくります。これが岩石をつくる基本的な成分です。もう少し詳しく見てみると、地球上の岩石のほとんどは酸素とケイ素が固く結びついてできる"ケイ酸"とよばれる化合物に、さらにそのほかの元素が化合した"ケイ酸塩"とよばれる物質でできています。マグマはケイ酸塩が高温で融けた物質で、それが冷えて固まってできた岩石のほとんどはケイ酸塩でできています。

　いっぽう、サンゴや貝殻などの生き物の殻や骨が固まってできる岩石は、酸素と炭素が結びついた化合物にカルシウムなどの元素が結びついた"炭酸塩"とよばれる物質からできています。また、酸素と硫黄が結びついた"硫酸塩"や、酸素とリンからなる"リン酸塩"からできている岩石もあります。

　私たちがふつうに見ている地球の表面近くの岩石は、酸素とケイ素、それからアルミニウム、カルシウム、鉄、ナトリウム、マグネシウム、カリウムといった比較的軽い元素でできています。でも、それよりもずっと量は少ないですが、あらゆる元素が岩石には含まれています。元素の組み合わせや、結びつき方の違いでいろいろな鉱物ができ、そのような鉱物が集まって岩石ができています。ですから岩石の化学成分は岩石に含まれる鉱物の種類やその組み合わせでさまざまに変化するのです。

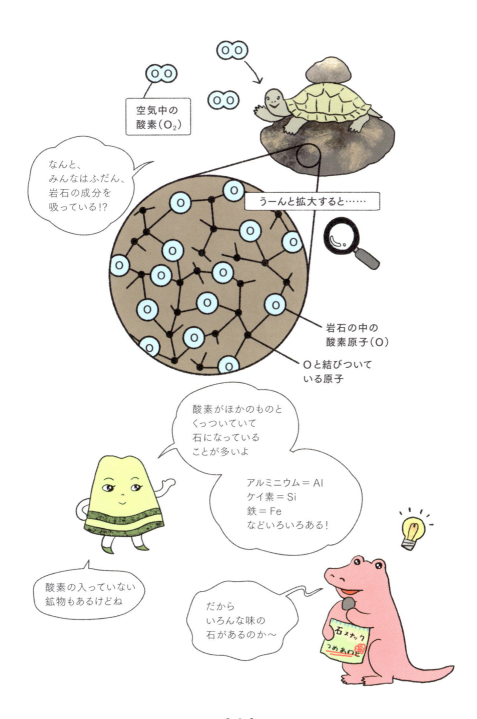

岩石とはなんだろう

鉱物ってなんだろう

　岩石も鉱物もどちらも石ですが、どうちがうのでしょうか？　鉱物とは自然の中でつくられた結晶です。そして、その結晶が集まってできたものが岩石です。

　結晶とはさまざまな元素がある決まった比率で集まってその原子が規則正しく整列したものです。たとえば石英ならば、酸素とケイ素からできていて、その割合は原子の数で2対1と決まっています。無数の酸素とケイ素の原子が規則正しく並んでいるので、その結晶は決まった形をつくります。石英の結晶である水晶のピカピカした表面は、酸素とケイ素の原子が整列してできている平面なのです。

　温度や圧力などの結晶ができるときの条件が変わると、原子の配列もそれに従って変化します。炭素のかたまりからできた石墨という鉱物があります。鉛筆の芯などに使われるやわらかい鉱物です。その石墨をおよそ1100℃以上、4万5000気圧以上の高温・高圧の条件に置くと、高い圧力でも安定になるようにたくさんの炭素の原子がより密に詰まった並び方に変わり、かたいダイヤモンドの結晶になるのです。

　鉱物の化学組成は一定なのですが、一部の元素は似たような性質の元素と入れ替わることができます。たとえばかんらん石というマグネシウム・鉄・ケイ素と酸素が結びついた鉱物の中では、マグネシウムと鉄は比較的自由に入れ替わることができます。まわりを取り囲むマグマの中の鉄とマグネシウムの比率に応じて、かんらん石に含まれる鉄とマグネシウムの比率が変わってきます。マントルの中のようなマグネシウムが多い環境でできたかんらん石は淡いオリーブ色をしていますが、玄武岩のマグマのようにもう少し鉄が多いマグマの中でできたかんらん石は黄色っぽいビール瓶のガラスのような色をしています。

岩石と鉱物はちがう？

05 地下の宝物:鉱石

岩石とはなんだろう

　鉱物に似た言葉で鉱石というものがあります。金属など私たちにとって役に立つ物質を含む岩石で、採掘する価値があるものを鉱石とよびます。たいていの鉱石は、役に立つ鉱物とそうではないほかの鉱物の集合からできています。そしてこうした鉱石が集まっている場所を鉱床といいます。鉱石は地下で脈のように分布していることが多いので、鉱脈というよび方もありますね。

　人類は古くから生活に使う有用な金属などを岩石から取り出してきました。まず天然に単体として存在する銅や金が最初に使われはじめた金属資源だったと考えられています。やがて文明の発達とともに、岩石からさまざまな金属を取り出す精錬技術が工夫され、多くの種類の鉱物が鉱石として採掘されるようになりました。金属だけではなく、ガラスの材料となる石英を多く含む珪石や、セメントの材料となる石灰石なども鉱石として採掘されています。

　産業の発達によってそれまで使われてこなかった物質が資源として掘り出す価値が生まれ、鉱石と見なされるようになることもあります。たとえばレアアースは高性能磁石や触媒など最先端の技術には欠かせません。レアアース元素を含む岩石は20世紀の終わり頃からにわかに資源として注目されるようになり、盛んに採掘されるようになりました。逆に技術の発達により地下資源として注目されなくなった鉱石もあります。たとえば硫黄は火薬の原料やゴム製品への添加剤として使われる材料で、20世紀半ば頃までは自然硫黄や硫化鉄鉱が硫黄の鉱石として盛んに採掘されました。しかし石油を生成する過程で原油から取り除かれる硫黄が大量に流通するようになると、わざわざ硫黄を鉱石として掘り出す必要がなくなってしまいました。いわば見捨てられた鉱石ですね。

06 岩石とはなんだろう

岩石でできた天体

　宇宙から岩石のかたまりが隕石となって落下してくることからわかるように、地球のまわりにも岩石でできた天体がたくさんあります。約46億年前に太陽系ができたときに、星雲の中で集まってきた物質が太陽のまわりを回転しながら互いの引力で次第に衝突・集合して惑星ができはじめました。このとき、太陽に近いところは温度が高く、水や二酸化炭素、メタンなどは蒸発してガスになってしまいました。そして、高温でも固体でいられる鉱物や金属が集まって、地球のような岩石でできた惑星が誕生したのです。地球の衛星である月や、地球のそばを公転している金星や火星もこのように小さな岩石天体が集合してできた天体なのです。大きな惑星にならなかった岩石のかたまりは小惑星となり、やはり太陽の周囲を回っています。集まった材料が同じなので、これらの惑星をつくる物質はどれも似ていて、おもにマグネシウムやケイ素、アルミニウム、鉄などが酸素と結びついた鉱物からできています。

　地球のような大きな惑星は、天体が衝突集合を繰り返すときにその衝突のエネルギーで惑星全体が高温となって溶融してしまいました。そのとき鉄などの重い元素は惑星の中心に沈んで金属の核となり、逆に軽い元素は惑星の表面に浮かび上がって地殻をつくりました。そのため地球表面で私たちが手に取ることができる地殻の岩石は、地球ができたときに集まってきた小さな天体の岩石よりも軽い元素が多く含まれています。いっぽう、地球などの大きな惑星にならずに取り残されてしまった小惑星は、太陽系ができたときの元素や鉱物の組み合わせをそのまま保存しているものもあります。そうした天体が地球に落下してきた隕石を調べたり、最近では惑星探査機を使ったりして直接小惑星を調べることで、太陽系や地球がどのようにできたのかを研究しています。

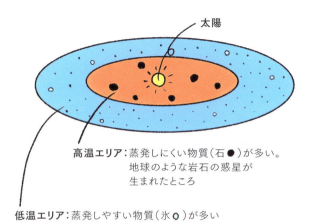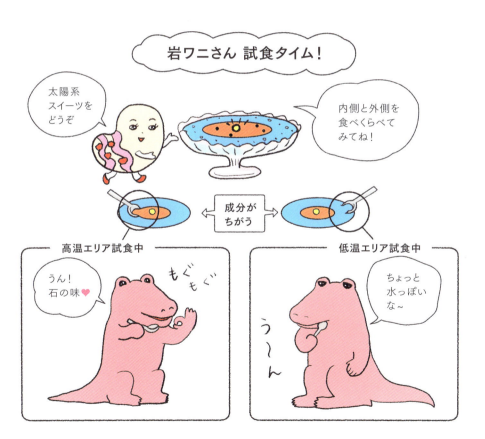

岩石とはなんだろう

07 太陽系最初の岩石

　いまから約46億年前、星間ガスの一部が回転しながら引力により収縮しはじめ、やがてその中心に原始太陽ができました。太陽に取り込まれなかったガスや塵は太陽のまわりを回転しながら次第に円盤状に集合していきます。おおよそ現在の火星軌道よりも内側の太陽に近い場所では、輝きをはじめた太陽の熱によって水やメタンなどは蒸発してしまい、金属やケイ酸塩などの融点が高い物質だけが固体、つまり鉱物として残ることができました。太陽の近くに取り残されたこのような固体の鉱物粒子が集まって、岩石でできた小さな天体ができました。太陽系最初の岩石の誕生です。

　小さな岩石天体はその後激しく衝突・合体を繰り返して、次第に大きな惑星に成長していきました。水星、金星、地球、火星、月はそうしてできた天体です。しかし大きな惑星に取り込まれずに太陽のまわりを回り続けている小さな岩石天体もあります。いわば、太陽系の惑星をつくったときのあまり物のような天体です。火星の外側にはそんな小さな岩石天体である小惑星がたくさんあります。地球に落ちてきた小惑星である隕石の年代を測定してみると、太陽系の誕生とほとんど同じ年代を持つ岩石がたくさん見つかっています。コンドライト隕石に含まれる、原始太陽系星雲の中で一度溶融して再結晶してできた微細な岩石粒子であるコンドルールとよばれる粒子は、太陽系のごく初期に形成された固体粒子で、太陽系でもっとも古い岩石といえるでしょう。コンドルールの中には、水や炭素といった私たち生物をつくるための材料となる物質を多く含むものも見つかっています。こうした岩石を調べることで、太陽系や地球、あるいは生命がどのようにできたかを知る手がかりが得られるのです。太陽系の残り物には福がありますね。

岩石とはなんだろう

集まって融けて
地球ができた

　原始太陽系の中でつくられた小さな岩石の天体が衝突合体を繰り返して、地球をはじめとする大きな岩石惑星ができました。天体が衝突するすさまじい運動エネルギーは熱となり、地球は次第に高温になっていきました。地球をつくる岩石が高温になると、岩石の中に含まれていた水などの気体になりやすい成分が岩石から分離して地球表面に集まり、大気の層をつくりました。大気が地球を覆ってしまうと地球から宇宙に向かって熱が逃げにくくなるため、地球表面の温度はさらに上昇し、ついには表面の岩石全体が溶融してマグマの海に覆われました。

　地球をつくる岩石が融けると、密度の大きな鉄などの金属成分は分離して地球の中心部に向かって沈み、逆にケイ素などの軽い物質は表面に向かって浮上します。このときに位置エネルギーが解放されて熱になるため、地球の温度はさらに上昇して短い時間で地球の溶融が一気に進んだと考えられています。こうして、地球の材料となった岩石がいちど溶融して、密度の異なる成分ごとに地球の内部で上下に分離することによって現在の地球に見られるような成層構造が生まれたのです。ほかの地球型の惑星も、みな同じように金属核とそれを取り囲む岩石のマントル、地殻といった密度の違いによる成層構造を持っていると考えられています。これは、どの惑星も地球と同じようにその形成の初期にいちど内部が大規模に溶融したことを物語っています。

　隕石の衝突が収まると地球は次第に冷え、マグマの海の中で分離した成分がそれぞれの深さで固まり岩石になりました。大気の一部も冷えて液体の水となり、海が生まれました。やがて地球の内部のマントルをつくる岩石が対流による循環をはじめ、マグマの発生や変成岩の形成などにより現在の地球に見られるさまざまな岩石の形成がはじまったのです。

きほんミニコラム

氷は岩石？

　ふつう、氷は岩石とはいいません。地球では氷は溶けて液体の水になったり水蒸気として蒸発してしまい、安定した固体として存在しにくいからです。でも、太陽からずっと離れた太陽系の外側の木星よりも遠い場所には氷でできた天体がたくさん見つかっています。太陽から遠い天体は温度が低いので、氷だけでなく二酸化炭素やメタンといった地球ではガスでしか存在しない物質も固体として安定に存在できるのです。そうした天体では、氷も立派な岩石といえるかもしれません。私たちの住む地球は液体の水が存在できるちょうど良い環境の天体なので、私たちのような生き物が生息することができるのです。氷が岩石じゃなくて良かったですね。

Chapter 2
岩石の性質

岩石の性質

石はなぜかたい

　「石あたま」という言葉のように、岩石はかちかちにかたいという印象があるでしょう。岩石がかたい理由はおもに二つあります。
　一つは、岩石をつくっている鉱物がかたいからです。私たちが目にするふつうの岩石はケイ素と酸素が結びついてできるケイ酸とよばれる骨組みに、鉄などの元素が化合したケイ酸塩という物質でできています。この鉱物の骨組みをつくっているケイ素と酸素はお互いの原子が持つ電子を共有してがっちりと結びついているので、ケイ酸塩鉱物はとてもかたい鉱物になります。その代表は石英です。石英はケイ素と酸素だけからできていて、すべての原子がおたがいに電子を共有して強く結びついているので非常にかたいのです。
　輝石(きせき)のようなもっといろいろな元素が含まれている鉱物では、ケイ素と酸素からできている骨組みを、鉄やマグネシウム、カルシウムといったほかの原子がもう少し弱いイオンの結合力で結びつけています。鉱物の種類によって、原子の種類や割合、原子どうしの結びつき方などがちがっていて、そうしたちがいが鉱物のかたさのちがいをつくっています。
　岩石がかたいもう一つの理由は、そのようなかたい鉱物の結晶どうしがモザイクのように複雑にかみ合って岩石をつくっているからです。結晶どうしの接触面は鉱物そのものよりもはがれやすいことが多いのですが、そこが複雑に入り組んで組み合わさることで岩石全体に割れ目がおよびにくくなっています。こうした鉱物が密着している岩石を割るためには、鉱物の中で固く結合している元素を断ち切り、かみ合っている鉱物の間を引きはがさなければならないので大きな力がいります。このように原子も鉱物の粒もがっちり組み合っているので、岩石はかたいのです。

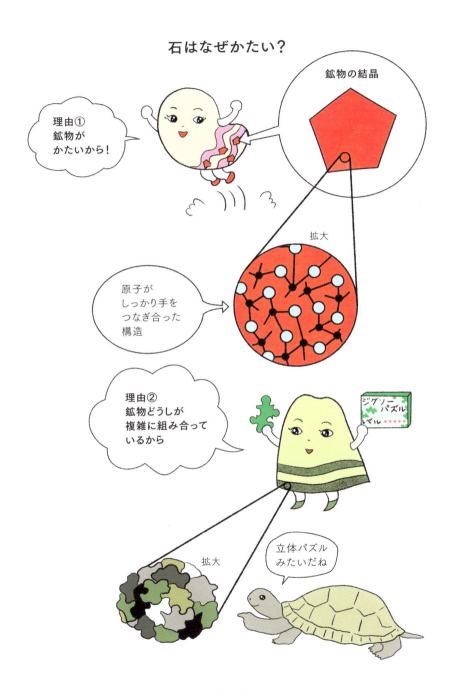

10 岩石の性質

かたい岩石・やわらかい岩石

　鉄の釘でも削れないかたい岩石もあれば、簡単に削れるやわらかい岩石もあります。そんな岩石のかたさはどうして決まるのでしょうか。岩石をつくっている鉱物にはさまざまなかたさのものがあります。たとえば石英や長石といったかたい鉱物からできている花崗岩は大変かたくすり減りにくく丈夫なので、人通りの多いところの敷石などに使われていますね。いっぽう、石灰岩は方解石という比較的やわらかい鉱物でできています。ノミなどの工具で簡単に加工できるので古くから石灰岩は彫刻の材料として重宝されています。しかし、やわらかい岩石はときには厄介なこともあります。蛇紋石や滑石という鉱物は大変やわらかく、また割れ目に沿って滑りやすいという性質があります。こうした鉱物からできている蛇紋岩はしばしば地滑りを起こします。

　岩石をつくる粒子どうしがしっかり接着しているかどうかも岩石のかたさを決めるポイントです。もともとばらばらだった砂粒の隙間に鉱物が沈殿すると、砂粒同士が接着して砂岩ができます。接着剤の役割をはたす鉱物の量が少なく岩石の中に隙間がたくさん残っていると、砂粒がすぐにはがれてしまうので岩石がくずれやすくなります。地下に埋没して長い時間が経過し砂粒の隙間がしだいに鉱物で埋められてしまうと、砂岩は次第に固まっていきます。でも、接着剤となる鉱物がやわらかいと砂粒どうしの接着力が小さいので丈夫な岩石にはなりません。比較的浅いところで固まった砂岩の中には、粘土や方解石のようなやわらかい鉱物で固められたものがあります。そうした砂岩は接着力が小さいので岩石としてももろく、またすぐ風化してぼろぼろになってしまいます。でも深いところで高い温度や圧力がかかると、砂粒の間にかたい石英が沈殿して砂粒をしっかりと固定するので、とてもかたい砂岩ができます。

「すき間」は「岩石のかたさ」を決める重要要素！

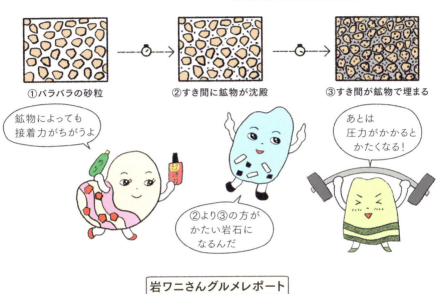

岩石の性質

岩石は割れる

　強い力を岩石に加えると、鋭い破片となって割れます。岩石が鋭く割れるのは、力が加わると岩石を構成している原子の結合がつぎつぎと切れて割れ目が広がっていくからです。岩石の中の原子はかたく結合しているので、岩石を割るためにはハンマーで強くたたくなど大きな力を加えなければなりません。ところが、目で見えるようなものから顕微鏡を使わなければわからないぐらいの細かなものまで、岩石の中にはもともと無数の割れ目があります。割れ目のところでは岩石をつくる原子の結合がつながっていないので、そうした割れ目に沿って岩石は割れやすくなります。地下で岩石に一定の方向の力が加わると、このような細かな割れ目は一定の方向に配列しやすくなります。石材を加工する人たちはこうした割れやすい方向を「石の目」とよんで、それを巧みに使って大きな岩塊もきれいに割っていきます。

　地下の岩石には巨大な力がかかっています。地下深くになればなるほど、その上にのっている岩盤の重さが加わるため岩石には大きな圧力が加わります。でも水圧のようにすべての方向から等しい圧力が加わるだけでは岩石は割れません。しかし、岩石に働く力にかたよりがあると岩石にひずみが生じ、それが岩石の強度を超えると岩石に割れ目ができます。たとえば岩石をある方向からだけ強い力で押しつけると、やがて割れ目ができて押しつぶされるように砕けます。岩盤をつくる岩石には、たとえばプレートの運動などによって特定の方向から大きな力がかかっていることがあります。そうした力によって地下の岩石にひずみが生じてできる割れ目が断層です。そして岩石が割れてずれ動くときに生じる振動が地震なのです。地震を感じたら、それはいま地球の中で岩盤が割れたという知らせなのです。

12 岩石の性質

岩石も流れる

　長い時間力をかけ続けるとかたい岩石もしだいに変形します。とくに温度が高いと岩石は変形しやすくなります。地上で私たちが見る岩石はカチカチでとても変形するようには見えませんが、地下深くの高温の岩石は長い時間をかけて大きく変形していくのです。これは、岩石が融けて液体になって流れるのではなく、固体のままゆっくりと変形する現象です。こうして長い時間岩石に力をかけ続けると、かたい岩石でできた地層も飴のように流れてぐにゃぐにゃに曲がることができます。

　流動する岩石の代表はマントルをつくるかんらん岩です。マントルは地下数 10km よりも深いところを占める岩石で、低温のところでも数 100℃ 近い温度があります。マントルの中には温度のむらがあり、深いところにあるマントルの岩石は高温ですが、地表に近いところの岩石は冷やされて温度がやや低くなっています。すると、低温で密度が大きいマントル岩は沈もうとし、代わりに高温のマントルが浮力を受けて上昇しようとします。こうしてマントルのかんらん岩の中に力が加わり、マントルの中には地球規模の大きな流れができます。この流れの速度は年間数 cm 以下というゆっくりとしたものですが、この流れにのってその上にある地殻は移動します。

　地下で岩石が割れると地震が起こります。温度が高いと岩石にひずみがたまって割れる前に流れてしまうので、温度が高い岩石の中では地震は起きにくいのです。日本列島ではだいたい地下 15km ぐらいから深いところでは温度が高く岩石が流れやすくなっているので、それより深い地震はあまり起きません。でも、冷たいプレートが沈み込んでいるところでは、ずっと深いところまで岩石が割れることができるので、ときには深さ 500km を超えるような深い地震も起きるのです。

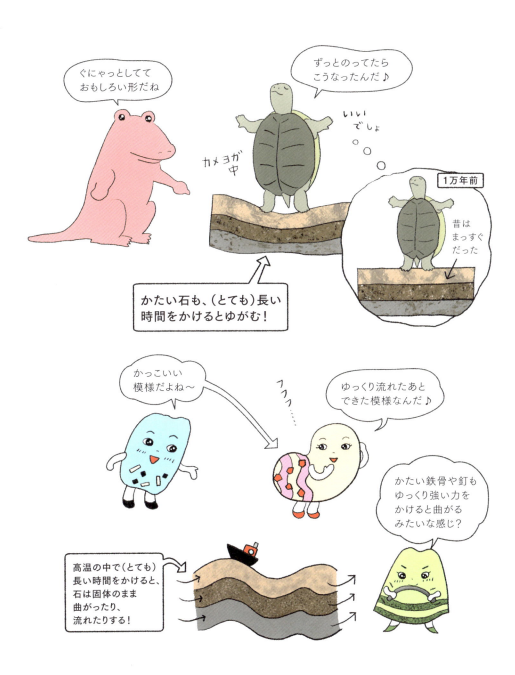

13 岩石の性質

石が重いのはなぜ

　岩石というと、どっしりと重いというイメージがありますね。それはふだん私たちの身近にあるものにくらべると、同じ大きさの岩石のかたまりの質量が大きいからです。

　一定の体積当たりの質量を密度といいます。岩石の密度は私たちの身近にあるものとくらべると大きいので、同じ大きさの物体にくらべて岩石は「重い」と感じるのです。では私たちの身近にあるものの密度はどれぐらいでしょう。たとえば水の場合、一辺が1cmの立方体のかたまり、つまり1ccの質量はほぼ1gです。ちょうど一円玉1枚ぐらいですね。水よりも密度が小さい物体は水に浮かび、密度が大きい物体は沈んでしまいます。私たちの身体はぎりぎり水面に浮かぶことができるので、水とだいたい同じぐらいの密度を持っているということになります。組織の中に空気をたくさん含んだ木材は水よりも密度が小さいので、水面に浮かぶことができます。大きくて重いスイカでも、水より密度が小さいので水に浮かびます。こうした身近なものとくらべると、水に沈んでしまう岩石の密度はずっと大きいのです。

　地球の表面付近をつくっている岩石、たとえば花崗岩の密度は水の2.7倍ぐらいあります。こうした岩石でちょうど大人の両手に乗るぐらいの大きさの物体、たとえば一辺が10cmの立方体をつくるとその質量は2.7kgぐらいになります。1ℓの牛乳パックだと2本半ちょっとくらいの重さです。けっこう重いですね。もっと大きなもの、たとえば体重70kgの人と同じ大きさの石のお地蔵さんを花崗岩でつくってみましょう。そうするとその重さは190kgぐらい、つまり大相撲の身体の大きな力士ぐらいにもなります。「岩石は重い」という感覚は、岩石の密度が人体などにくらべてずっと大きいからなのです。

重い物といえばなにを思い浮かべる?

スイカかな?

重いのはおいしいよ!

バケツに入った水!

重いよね〜

でも、同じ体積でくらべると石の方がもっと重いよ

密度は
スイカ < 水 < 石

もしバケツにぎっしり石を入れたら、重くて持てないよね

14 いろいろな岩石の密度

岩石の性質

　岩石はその種類によって密度が違います。地面に近いところの岩石の密度は小さく、地球の深いところの岩石ほどその密度は大きくなります。
　その理由の一つは岩石の中にある隙間です。密度が小さい空気などで満たされた隙間が岩石の中にたくさんあると、岩石全体の密度は小さくなります。特に砂や泥の粒が固まった堆積岩には鉱物で埋まっていない小さい隙間がたくさん残っていることがあります。すると、そうした隙間がない岩石にくらべて密度がずっと小さくなるので、手に持ってみると思ったよりも軽く感じることがあります。同じように火山ガスの泡がたくさん入ったマグマが固まってできた軽石にも隙間がたくさんあります。ときには体積の8〜9割が隙間で、残りのわずかな部分だけが石でできている軽石もあります。そうした軽石はとても密度が小さく、ときには水よりも密度が小さくなるので水に浮かぶことができます。でもこうした細かな隙間に水がしみ込んで隙間の中の空気を押し出してしまうと、軽石も水に沈んでしまいます。
　こうした岩石の中の隙間は、圧力がかかるとつぶれてしまいます。そのため大きな圧力がかかっている地下深くの岩石ほどその密度が大きくなります。さらに大きな圧力がかかると岩石をつくっている鉱物の中の原子の配列が変わって、原子同士の隙間が小さく密度が大きい鉱物に再結晶します。たとえば、炭素の結晶が浅いところでは黒鉛とよばれるやわらかく密度が小さい鉱物なのに、マントルの深さではかたいダイヤモンドになってしまうのも、高い圧力がかかると原子の配列が変わって密度が大きな鉱物に変化するからです。ダイヤモンドの密度は水の3.5倍もあります。手に持ってみると、ずっしりとした重量感があるはずです。そんなダイヤモンドのかたまりを手に持ってみたいですね。

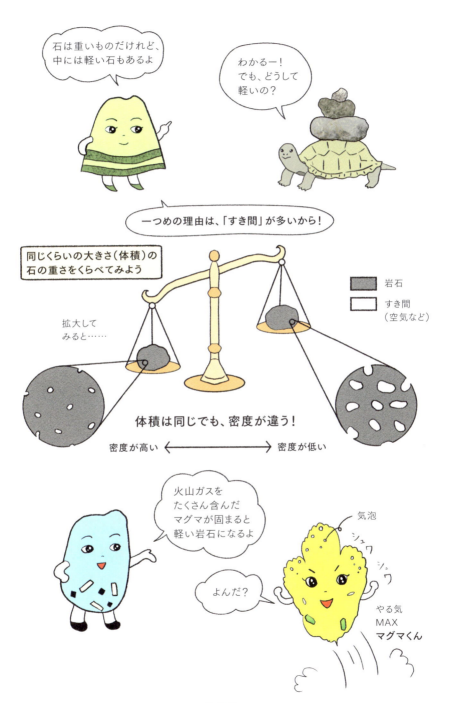

15 岩石の性質

岩石の成分と密度

　岩石の成分によっても密度が変わります。地表付近にある花崗岩の密度は水の2.7倍くらいです。花崗岩などの岩石にはケイ素やアルミニウム、ナトリウムなどの軽い元素がたくさん含まれているいっぽう、鉄などの重い元素はあまりたくさん含まれていません。そのため岩石としては比較的密度が小さくなります。玄武岩やはんれい岩は、花崗岩にくらべるとケイ素やアルミニウム、ナトリウムなどが比較的少なく、代わりにカルシウムや鉄などの重い元素をたくさん含んでいるので、その密度は水の3倍ぐらいあります。玄武岩やはんれい岩は、地殻の深いところをつくっている岩石です。

　地下数10kmよりも深いマントルをつくるかんらん岩は、それより浅い地殻をつくる岩石よりもさらにケイ素やアルミニウム、ナトリウムに乏しく、鉄など重い元素が多く含まれているので地殻の岩石よりも密度が大きく、水の3.3倍ぐらいの密度があります。マントルの岩石は深くなればなるほど高圧で安定な鉱物になるので、その密度も大きくなります。そして地球の中心は超高圧状態の鉄などの金属でできていて、その密度は水の10倍をはるかに超えています。

　このように、地球の内部は浅いところほど軽い元素が多く、深いところほど重い元素に富んでいます。微惑星とよばれる小天体が集まって地球ができたとき、激しい微惑星の衝突によって地球を構成する岩石が溶融してしまいました。そして鉄などの重い元素を含んだメルトは地球の中心に向かって沈んでいき、逆に軽いケイ素やアルミニウム、ナトリウムなどに富んだメルトは表面に浮かび上がり地殻をつくりました。私たちがふだん見かける地球の表面に近いところでつくられた岩石は、地球ができたときのマグマの上澄みのような岩石なのです。

16　岩石の性質

岩石はなぜ冷たい

　「石のように冷たい」という表現がありますね。野外にある岩石のかたまりに触れてみるとひんやり冷たく感じることがあります。それはふだん私たちの身近にあるものにくらべると岩石は熱を伝えやすい性質があるからです。野外にある岩石はだいたいそのまわりの気温と同じ温度なので、人間の体温よりは低温です。その岩石に手で触れると、温かい手から冷たい石に向かって熱が伝わります。物体の中の熱の伝わりやすさを熱伝導率といいます。たとえば乾燥した木材とかプラスチック製品にくらべると、花崗岩のような緻密な岩石は10倍以上大きい熱伝導率を持っています。つまり木材とかプラスチック製品にくらべると岩石は10倍以上熱を伝えやすいのです。ですから岩石に触れると、同じ温度の木材などに触れたときよりも多くの熱がすばやく手から岩石に奪われるので、岩石は冷たいと感じるのです。でも真夏の炎天下にある岩石を触ると、こんどは火傷をするほど熱く感じることがありますね。これも、熱伝導率が高い岩石から多くの熱がすばやく手に伝わってくるからです。

　岩石をつくっている鉱物の種類のちがいや、岩石の中の細かな空隙の量などによって岩石の熱伝導率はちがってきます。隙間の少ない花崗岩などは熱伝導率が比較的高くて熱を通しやすいのです。岩石の中に細かな隙間がありそこに空気が入っているような岩石は熱伝導率がずっと小さくなります。中でも、細かな隙間がたくさんある軽石が固まってできた凝灰岩は岩石の中でも特に低い熱伝導率を持ちます。栃木県宇都宮市で採れる大谷石はそうした凝灰岩の代表的な石材として知られています。大谷石はその熱を伝えにくいという特徴を生かして、火災のときに延焼しにくい石造りの蔵をつくる石材として重宝されてきました。

17 岩石の性質

色とりどりの岩石

　岩石の色は文字どおり色とりどりです。岩石はさまざまな種類の鉱物の集合体で、鉱物もその化学組成によってさまざまな色をしています。岩石にどんな色の鉱物がどれぐらい含まれているかは、岩石の色を決める原因の一つです。

　石英や長石などの鉄をほとんど含まない鉱物はほとんど色が付いてなく、白っぽい見かけをしています。いっぽう鉄を含む輝石や角閃石、黒雲母などの鉱物はたいがい黒っぽい濃い色をしています。ですから、石英や長石などの無色の鉱物が大部分を占める花崗岩は白っぽく、輝石や角閃石をたくさん含んでいるはんれい岩は黒っぽい色に見えます。マグマが固まるときにできる鉱物はもともとのマグマの化学組成で決まりますので、鉄を多く含むマグマからできる玄武岩は黒っぽい色をしていることが多いのです。

　火山岩だけでなく、変成岩の色も鉱物の組み合わせで決まります。鉄を比較的多く含む玄武岩やそれが砕けた堆積物が広域変成作用を受けると、角閃石や緑泥石、緑簾石などの鉱物がたくさん晶出します。こうした鉱物は緑や青っぽい色をしているものが多いので岩石全体が青緑色になります。そうした緑色の変成岩をまとめて緑色岩とよぶことがあります。変成岩の元となった岩石に鉄の代わりにマンガンが比較的多く含まれていると、変成作用によって紅簾石とよばれる鉱物が生じます。すると岩石全体が紅色をした紅簾石片岩とよばれる岩石ができます。そのほかにも、青色片岩や黒色片岩など変成岩に含まれている鉱物の色が岩石の大まかな分類に使われることがあります。こうした広域変成岩は鮮やかな青色や緑色をしていて美しいので、庭石などによく使われています。

18

岩石の性質

岩石を染める鉄のいろいろ

　鉄はどんな岩石にも比較的たくさん含まれている元素です。そして鉄はその状態によってさまざまな色になる不思議な性質を持っています。酸素と1対1で結びついた状態の鉄は青黒い色をつくり出しますが、酸素と3対2で結びついた状態の鉄は、赤っぽい色をしたその名も赤鉄鉱とよばれる鉱物になります。そして鉄と水が結びついた状態の水酸化鉄は、褐鉄鉱などとよばれる鉄さび色をした鉱物になります。

　そして岩石に含まれる鉄の量や状態が変化すると、岩石全体の色もがらりと変わってしまうことがあります。もともと白っぽい色をしていた花崗岩が風化すると、花崗岩に含まれていた磁鉄鉱や磁硫鉄鉱などの鉄の鉱物が分解して茶褐色の水酸化鉄に変わります。できた水酸化鉄は水で運ばれて石英や長石などの色がほとんど付いていない鉱物の微細な隙間にしみ込みます。すると花崗岩全体が鉄さび色に染まります。砂岩などの堆積岩にも磁鉄鉱などの鉱物が砂鉄としてたくさん含まれています。また酸素が少ない水底でできた堆積岩には黄鉄鉱などの硫化鉄の鉱物が含まれていることもあります。こうした磁鉄鉱や黄鉄鉱などを含む堆積岩が風化すると、含まれている鉄鉱物が分解して水酸化鉄になります。すると堆積岩も鉄さび色に変わってしまいます。

　鉄が酸化することでも岩石の色が変わります。マグマに含まれていた鉄が酸化されずにそのまま固まると黒色のスコリアができますが、高温のまま空気に長時間さらされると含まれている鉄が酸化して赤鉄鉱となるので、スコリアは鮮やかな赤色になります。鉄の色は鮮やかなので、岩石にほんの少し含まれている鉄の状態が変わることで色とりどりの岩石ができるのです。

19

岩石の性質

小さな鉱物が石の色を決める

　岩石や鉱物の中のとても小さな構造が光の反射や吸収を起こして、岩石全体の色に影響を与えることがあります。鉄が比較的少ないマグマが急速に固まってできる火山ガラスは本来無色透明です。そんな火山ガラスの中に小さい気泡がたくさん入っている岩石が軽石です。軽石に含まれる細かい気泡が光を乱反射するので軽石は白っぽい色になります。ところが同じマグマでも冷え方がわずかに遅いと、ガラスの中に1マイクロメートルよりもずっと小さな結晶が無数に生じることがあります。すると、そうした小さな結晶に光が吸収されて火山ガラスが真っ黒な色に変わるので、黒い軽石ができます。成分はまったく同じなのに真っ白な軽石から真っ黒な軽石まで、その色が簡単に変わってしまうのです。石器に使われる黒曜石もほんとうは無色透明のガラスのはずですが、ガラスの中に細かい結晶が無数にできているのであのように真っ黒な色になっているのです。

　鉱物の中の小さな構造変化のために岩石全体が色付くこともあります。花崗岩にたくさん含まれている石英は無色透明の鉱物ですが、放射線が当たると微量に含まれているアルミニウム原子が変化してそのまわりで光が吸収されるようになります。放射線が当たり続けるとアルミニウム原子のまわりの光の吸収部分がふえてくるので、石英は次第に暗い色に変わります。石材として輸入されている大陸地域の花崗岩は10億年から20億年前の先カンブリア紀にできたものが多く、長い時間放射線が当たったために石英が真っ黒になっているものも見られます。いっぽう、日本で採れる花崗岩のほとんどは数千万年前から1億年前にできた新しいものがほとんどなので、石英はまだそれほど色が黒くなっていません。まだまだ年季が入っていない若者ということでしょうか。

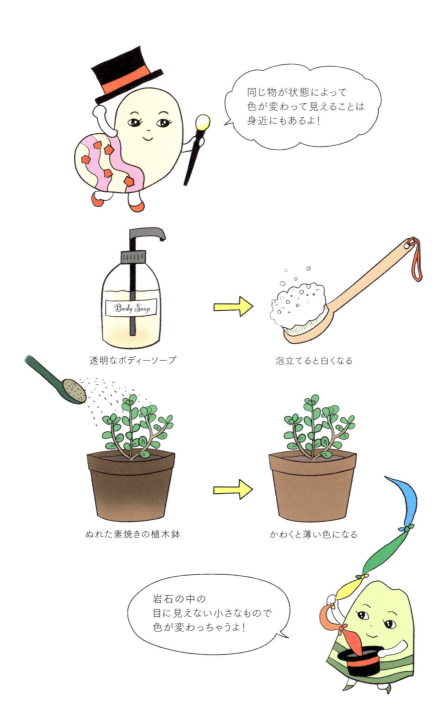

ごつごつした岩石

　岩石のかたまりはごつごつとした形をしている印象がありませんか。それは岩石が割れるからです。岩石はかたく変形しにくいのですが、岩石の強度を超える力が加わると割れ目ができてそこから破壊します。そうしてできた岩石の割れ口は鋭くとがっているので、岩石のかたまりはごつごつととがった形をしているのです。

　岩石にできる割れ目を節理といいます。地下の深いところで高い圧力がかかっていた岩石が地表近くまで隆起して、侵食によって上にのっていた岩盤が取りさられると岩石にかかる圧力が減っていきます。するとそれまで圧力によって閉じていた岩石の中の小さな割れ目が開いてつながり、やがて大きな割れ目となります。このとき岩石の中に雲母などの決まった方向に割れやすい鉱物が一定方向に並んでいると、その割れやすい方向に節理が発達します。地下で変形しながら再結晶した結晶片岩とよばれる広域変成岩や、流動しながら固まった溶岩の中では、割れやすい結晶が一定方向に並んでいるのでその方向に沿って薄い板のような形に割れていくことがあります。

　マグマが冷えて火山岩ができるときにも特徴的な割れ目ができます。岩石の温度が次第に下がっていくと岩石は収縮します。すると岩石の中に引っ張りの力が働き、やがてそれが岩石の強度を超えると割れてしまいます。こうしてできる割れ目を冷却節理といいます。地表に薄く広がった溶岩などは、溶岩の表面から内部に向かって冷却が進んでいきます。すると冷却が進む方向に沿って溶岩の表面から規則正しい網目状の割れ目が長く伸びて、角柱のような形に岩石が割れていきます。こうした節理を柱状節理といいます。柱状節理はとても目立つのであちらこちらで有名な観光地になっていますね。

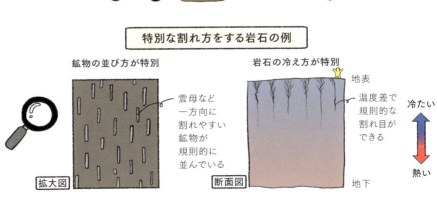

きほんミニコラム

岩石で料理をつくろう

　熱した石を使った料理は、石器時代から世界中で行われています。岩石はたくさんの熱を蓄える性質があるので冷めにくく、食材を長い間ゆっくりと加熱し続けるのに適しています。みなさん大好きな焼き芋も熱した砂利の中に芋を埋めて料理します。冷めにくい砂利が長時間ほど良い温度を保ってくれるので、芋に含まれるデンプン質がゆっくり糖分に変わってあんなに甘くなるのです。韓国料理の石焼きビビンバに使う石鍋は、角閃岩(かくせんがん)という変成岩がよく使われています。韓国の長水(チャンス)というところで採れる石材が特に広く使われているそうです。これも、なかなか冷めない岩石の特徴をうまく使った料理ですね。そのほかにもピザを焼く石窯や焼き肉のプレートなど、岩石をうまく使った料理がたくさんあります。おいしい料理にも岩石が大活躍です。

Chapter 3

さまざまな岩石

21

さまざまな岩石

岩石のでき方はいろいろ

　地球上での岩石のでき方は大きく3つに分けられます。地表で砕けた岩石の破片が砂や泥となって水や風の力で運ばれて堆積し、やがて地下で粒子どうしがくっついて固まってできたものが堆積岩です。地下で岩石が融けてマグマとなり、それが地下や地表で冷えて鉱物の結晶となって固まってできたものは火成岩とよばれます。そして岩石に地下で熱や圧力がかかって、もともとあった堆積岩や火成岩をつくる鉱物がつくり替えられて新しい岩石になったものが変成岩です。こうしてみると、どの岩石ももともとの材料となる岩石があることがわかります。地球の物質は岩石が地表で砕けたり地下で融けたり再結晶したりして、つねに循環してさまざまな岩石を生み出しているのです。

　岩石の循環をつくっているのは水やマグマ、あるいはマントルの対流などの力です。地球内部の熱によりマントル物質が対流しているため、高温のマントル物質の上昇により岩石が融けてマグマが生まれます。また地球の表面は豊富な水と大気により覆われているので、岩石が侵食され、堆積物となってふたたび岩石に生まれ変わります。そして、マントルの対流によるプレートの運動により地下に引きずり込まれた岩石や、マグマにより加熱された岩石は変成岩になります。このように私たちの地球でつねにさまざまな種類の岩石がつくられ続けているのは、地球が十分大きくてまだ熱的に活動が活発な惑星であることと、地球の表面がちょうど液体の水で覆われたほど良い環境を持っているからです。では、さまざまな岩石のでき方を見てみましょう。

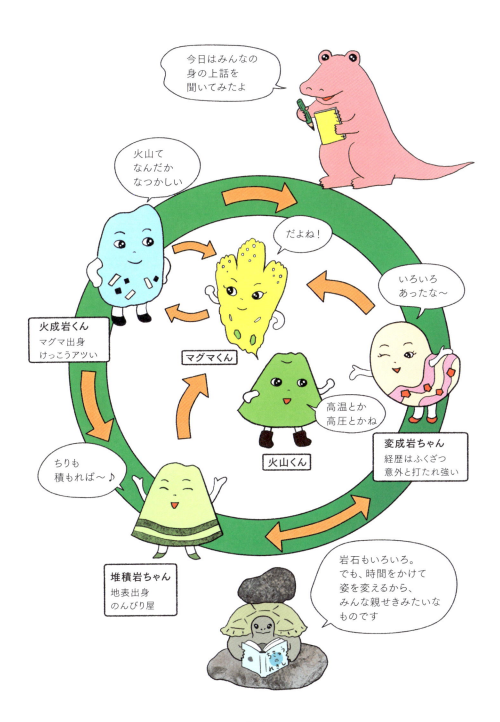

さまざまな岩石

22 流れで運ばれた岩石の粒

　地球の表面には、岩石が砕けてできたさまざまな大きさの粒子があります。とても細かいものは泥、目に見えるぐらいの大きさのものは砂、もっと大きいものは礫とよびます。また、貝殻やサンゴなどの生き物のかたい組織が砕けてできた粒もあります。こうした粒子が水や風の作用で移動して集まり堆積し、やがて固まった岩石が堆積岩です。

　岩石の粒子が風や水流で運ばれると、粒子どうしが衝突し砕けて次第に小さな粒子になっていきます。水や風が運ぶことができる粒子の大きさや質量は流れの速さで決まります。ある速度の水の流れでは、大きな粒子は動かすことができず、逆に小さい粒子は流れに乗ってどんどん運ばれてしまいます。水の流れが遅くなると、その速さでは運びきれなくなった大きさの粒子がそこに取り残されるので、だいたい同じ大きさの粒子が1ヵ所に集まります。こうして、粒の大きさのそろった砂や礫、泥が堆積するのです。海岸や河原などで、ある場所にはだいたい同じような大きさの礫や砂、泥がたまっているのはこのような水や風によるふるい分けが起きているからなのです。同じ大きさの粒子でも、密度が大きい粒子は質量が大きく水や風の流れで運べなくなるので、そのような密度の大きな粒子が取り残されて集まっていることがあります。ふつうの砂粒よりも密度が大きい磁鉄鉱などの鉱物が砂鉄となって集まっているのはそのせいです。砂金もそうですね。

　このようにして同じような大きさの泥や砂、礫が堆積して固まった岩石が泥岩、砂岩、礫岩とよばれる堆積岩です。でも、ただ粒子が集まっただけでは海岸の砂がさらさらと指の間から落ちてしまうように、岩石とよべる状態ではありません。これをかたい岩石にするためには、またちがった水の働きが必要なのです。

23 さまざまな岩石

どうして砂や泥が
かたい岩石になるの

　岩石が砕けてできた砂や泥、礫はばらばらな粒の集まりです。これがどのようにして岩石になるのでしょう。堆積物は水や風に運ばれて、やがて水底などに積もります。ときには断層などの運動で地下深くに押し込められることもあります。地下深くに堆積物が埋没すると、積み重なった堆積物の重みにより堆積物は押しつぶされて変形します。すると粒子の隙間が狭まり、粒子どうしが密着するようになります。また埋没した堆積物の粒の隙間は地下水で満たされていますが、この地下水にはいろいろな鉱物の成分が溶け込んでいます。地下水の温度や溶け込んでいる成分などが変化すると、地下水に溶け込んでいる成分の一部が砂粒や泥の粒の表面に沈殿して細かい鉱物結晶になります。こうしてばらばらだった砂や泥の粒子が密着し、その隙間が新たにできた鉱物で埋められると、砂や泥の粒子は接着して岩石となります。このようにして砂や泥、礫などが固まってできた岩石を堆積岩とよび、ばらばらだった堆積物の粒子が地下で固結して岩石になる作用を続成作用といいます。

　地下水に溶け込んでいる成分の多くは堆積物自身から溶け出してきたものです。貝殻などをつくっている炭酸カルシウムは酸性の地下水に溶け出しやすく、また水の酸性度が変わると今度は方解石などの鉱物として沈殿しやすいので、堆積岩を固める鉱物の代表的なものです。もっと地下深くに埋没して温度や圧力が高まると、砂粒や泥の粒をつくる鉱物成分も地下水に溶け出します。地下水に溶け出した二酸化ケイ素が沈殿して石英というかたい鉱物になると、堆積物はしっかりと固着してかちかちの堆積岩ができます。もともとばらばらだった堆積物を固めて岩石にするためには、岩石の成分を溶かしたり、沈殿させたりする水の役割が欠かせません。堆積岩は水の惑星である地球ならではの岩石なのです。

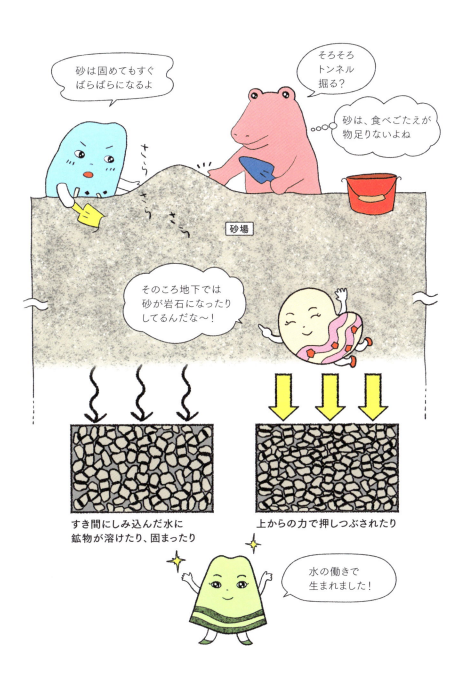

24 さまざまな岩石

生き物の体が石になる？

　岩石のかけらである砂や泥だけではなく、貝やサンゴなどの生き物がつくるかたい殻や骨格が積もって岩石になることもあります。炭酸カルシウムからできたサンゴの骨格などの破片が集まって固まった岩石が石灰岩です。サンゴの骨格や貝殻などの破片が堆積して地下に埋没すると、サンゴや貝殻などの成分である炭酸カルシウムが地下水に溶け出し、方解石となってサンゴや貝殻の隙間にふたたび沈殿してしっかりと固めてしまいます。石灰岩ができるためには、泥や砂が混じらず炭酸カルシウムでできた生物の遺骸だけが堆積する必要があります。そのため、石灰岩は陸からの離れた外洋のサンゴ礁でつくられるものがよく知られています。石灰岩は生物の遺骸でできているので、その中には多くの化石が含まれています。ビルの壁などに使われているみごとな化石が入っている石材はみな石灰岩でできています。

　もっと小さな生物がつくる岩石もあります。海水中に住んでいる放散虫という肉眼では見えないぐらい小さいプランクトンは二酸化ケイ素の骨を持っているのですが、この二酸化ケイ素の骨が長い時間をかけて深海底に堆積していきます。大洋の真ん中には陸から運ばれる泥などがほとんど届かないので、長い時間をかけて放散虫の死骸だけが降り積もった厚い地層ができます。堆積したばかりの放散虫の殻はばらばらで細かな泥のような堆積物なのですが、地下に埋没すると放散虫の殻をつくる二酸化ケイ素の一部が水に溶け出し、再び沈殿して石英となり放散虫の殻を固めてしまいます。石英はとてもかたい鉱物なので、小さな放散虫の殻が集まってできたチャートはとてもかたい岩石になります。海を漂う細かなプランクトンが降り積もって、やがて山をつくるかたい岩石になるなんてすぐには信じられませんね。

生き物の体が石になるまでには……

サンゴの骨格や貝殻が積もる

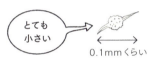

放散虫の骨格が積もる

さまざまな岩石

化石

　生物の死骸が砂や泥と一緒に岩石になったものが化石です。砂や泥の中に埋もれた生物の遺骸も地下に埋没していきます。そしてまわりの砂や泥の粒の間に鉱物が沈殿して次第に岩石として固まっていくときに、その中に埋もれている生物の遺骸も一緒に固められてしまいます。そうして、かたい岩石に取り囲まれた化石ができるのです。ときには生物の遺骸を核としてケイ酸塩や炭酸塩の鉱物が成長し、化石のまわりの岩石をかたく固めてしまうこともあります。また、石灰岩のようにほとんどが生物の遺骸でできた、化石のかたまりのような岩石もあります。

　砂や泥が岩石として固まるには長い時間がかかります。その間に生物のやわらかい組織はなくなってしまうので、骨や貝殻などのかたい組織だけが化石となることが多いのです。でも生物組織がなくなる前にまわりの砂や泥が先に固まってしまうと、生物組織の外形が空洞となって岩石の中に残されることがあります。ときにはその空洞に別の鉱物が沈殿して、鋳型のように生物の形をした鉱物のかたまりができます。地層に埋没した樹木をつくっている有機物が溶けてしまい、代わりにまわりの地下水に溶けていた二酸化ケイ素が石英となってそこに沈殿して樹木の組織を置き換えてしまうこともあります。こうしてすっかり石の成分である石英に置き換わってしまった樹木の化石を珪化木（けいかぼく）といいます。

　化石は生物の遺骸が堆積物に取り込まれて一緒に固まったものなので、堆積岩の中に見つかります。堆積岩が変成作用を受けるとその中に含まれている化石もまた変成作用を受けます。ときには変成岩の中に化石の形がまだ残っていることもあります。ビルの石材に使われている結晶質石灰岩には、そうした変成作用を受けて再結晶しつつある化石が見つかることもあるので、探してみましょう。

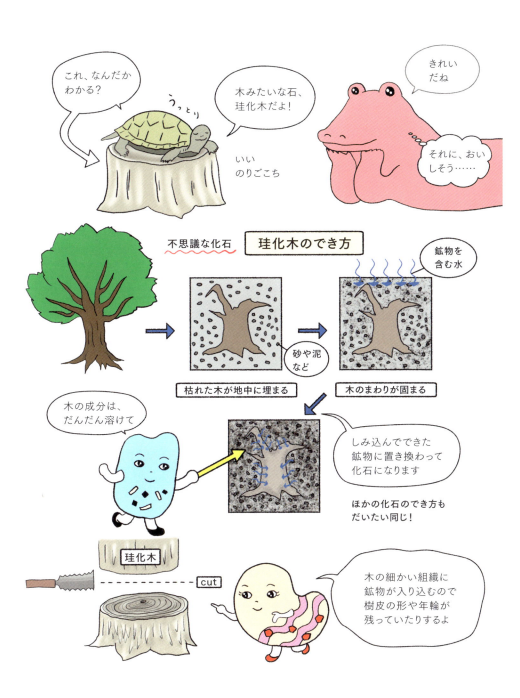

さまざまな岩石

マグマが冷えて固まった火成岩

　マグマが冷えて固まった岩石を火成岩とよびます。地下に蓄えられているマグマの温度は、温度が低い流紋岩マグマでも700℃ぐらい、高温の玄武岩マグマでは1200℃を超えるものもあります。こんな高温で蓄えられていたマグマが冷たい地上に噴出すると、温度が急速に下がります。そうすると融けているマグマの中で細かな鉱物の結晶がいっせいに育ちはじめ、マグマは目で見えにくいぐらいの細かな鉱物のかたまりになります。火山の爆発でマグマのしぶきが空中に吹き上げられたり、マグマが水に触れて冷やされたりするとそんな微細な鉱物すらできる間もなく、ガラスの状態で固まってしまうこともあります。このようにして地上に噴出したマグマが短い時間で冷えて固まってできた岩石を火山岩といいます。火山岩は文字どおり火山でできる岩石です。マグマは地表に噴出して冷えて固まってできるので、噴出岩とよばれることもあります。

　いっぽう、地下でマグマがゆっくりと冷えると鉱物の結晶が大きく育つことができます。地球をつくる岩石は熱を伝えにくいので、地下で岩石に囲まれたマグマは保温材に包まれたような状態です。こうしてゆっくりと、ときには1℃冷えるのに1万年以上の時間をかけて大きな結晶のかたまりになった岩石が深成岩です。大きな結晶がゆっくりと冷えてできると、火山ガスなど結晶をつくるときにあまった成分はマグマから押し出されて、マグマは純粋な鉱物の結晶のかたまりになります。マグマの成分の違いによってできる鉱物の種類や成分がちょっとずつちがって、さまざまな深成岩がつくられます。深成岩とは、地下深いところでできた岩石という意味です。

27

さまざまな岩石

マグマが
ゆっくり冷えた岩石

　マグマが地下でゆっくりと冷えて固まり、大きな鉱物の結晶の集まりとなった岩石を深成岩とよびます。深成岩は、マグマがそのまま固まった岩石ではありません。マグマをつくるケイ酸塩メルトの中で鉱物の結晶が育ちはじめると、その鉱物の材料となる成分は鉱物結晶に取り込まれていきますが、そうではない成分はメルトの中に残されます。たとえばマグマの中でかんらん石という鉱物ができはじめると、かんらん石の材料であるマグネシウムや鉄は鉱物に取り込まれます。そしてナトリウムやアルミニウム、カルシウムはかんらん石の材料ではないのでマグマの中に残されます。そうしてできたかんらん石だけが集合し深成岩となると、元のマグマには含まれていたナトリウムやアルミニウム、カルシウムといった成分がほとんど含まれない深成岩ができます。

　では追い出された成分はどうなるのでしょう。マグマの中でナトリウムやアルミニウム、カルシウムが次第に濃くなってくると、こんどはそれらを材料として斜長石が結晶しはじめます。マグマの成分や固まる温度・圧力などの条件のちがいによって、できる鉱物の種類や成分がちがってきます。こうして次々にちがう鉱物が結晶化して集まり、さまざまな深成岩ができます。

　鉱物の中にほとんど取り込まれない成分が水です。マグマが結晶化して固まっていくと次第に水がマグマから絞り出されます。マグマが固まる最終段階でこうした水に溶けていた成分が結晶化すると、大きな鉱物の結晶が集まったペグマタイトという岩石ができます。花崗岩のペグマタイトには巨大な水晶や、アクアマリン、トパーズといった宝石となる鉱物が含まれることもあります。ペグマタイトはマグマの最後の贈り物みたいなものです。

マグマがゆっくり冷えた岩石

28 さまざまな岩石

マグマが急速に冷えた岩石

　火山岩はもっとも短い時間でできる岩石です。火山岩は融けているマグマの状態から、短いものでは1秒以下で冷え固まって岩石になります。流れている真っ赤な溶岩や爆発で飛び散ったマグマのしぶきも、地表に噴き出すと目の前でみるみるうちに冷え固まり、かちかちの溶岩ができ上がります。岩石が生まれる瞬間を目撃できるのですね。

　火山岩はマグマが瞬間的に冷えて固まった冷凍マグマみたいなものです。ですから、火山岩の化学組成は元になったマグマの化学組成とほとんど同じです。火山岩の種類は、元のマグマの成分の違いによって区分されています。玄武岩はケイ素が少なく鉄やマグネシウムが多いマグマが固まった岩石、流紋岩はケイ素が多くナトリウムやカリウムが多く含まれるマグマからできた岩石です。日本列島の火山でもっとも多く見られる安山岩やデイサイトはその中間の化学組成の火山岩です。

　マグマの冷える速度が少し遅いと、融けていたマグマからごく細かい鉱物がいっせいに結晶化して、肉眼ではわかりにくいぐらい細かな鉱物のかたまりとなります。鉱物の結晶ができる間もなくマグマが冷えてしまうとマグマは天然のガラスとなって固まってしまいます。そうしてできたガラスを火山ガラスといい、火山ガラスからできた岩石を黒曜石といいます。火山ガラスになるにはどれぐらい速くマグマが冷えなければならないかはマグマの粘性と関係しています。流紋岩のような粘性の高いマグマでは結晶ができる速度が遅いので、黒曜石ができやすいのです。冷凍マグマである火山岩には、もともとマグマに含まれていた鉱物の結晶や火山ガスからできた泡なども残っています。発泡したマグマがそのまま急速に固まってしまうと、泡だらけの火山ガラスのかたまりである軽石ができます。

29 粉々になったマグマがくっついた岩石

さまざまな岩石

　火山の噴火でつくられる火山灰や火山礫などが堆積して固まった岩石を火砕岩といいます。火砕岩の中には、ふつうの堆積岩と同じように堆積後に長い時間をかけて火山灰や火山礫などの粒子が堆積物の圧力で密着し、また粒子の隙間が鉱物で固められて岩石となるものもあります。こうして火山灰などが固まった岩石を凝灰岩といいます。凝灰岩は、火山でできた粒子が固まってできた堆積岩です。

　火山の噴火ならではの固まり方をする岩石もあります。火山ガラスでできた火山灰の粒子がまだ熱くやわらかいうちに次々と堆積すると、堆積した火山灰の重さで粒子が押しつぶされて変形し、密着してしまいます。そのまま堆積物が冷却してガラスが固まると、火山灰粒子がガラスで癒着した岩石ができます。これを溶結凝灰岩といいます。溶結凝灰岩は大規模な火砕流で熱い火山灰が一度に厚く堆積する場合によくつくられます。九州の阿蘇カルデラの巨大噴火では阿蘇カルデラのまわりに大量の溶結凝灰岩がつくられました。溶結凝灰岩はやわらかく加工しやすいので、石垣や石橋など石材としてさかんに使われています。

　火山の噴火口のまわりでは、マグマのしぶきがまだ熱く融けたまま次々と降り積もることがあります。そうすると、しぶき同士が接着してひとかたまりの岩石として固まってしまうことがあります。ときには融けたまま降り積もったしぶきが一体化してふたたび溶岩のように流れ出すこともあります。こうして噴火口のまわりにできたマグマのしぶきのかたまりからできた岩石はアグルチネートとよばれます。

　溶結凝灰岩やアグルチネートは、火山灰やマグマのしぶきが地面に降り積もってできる岩石なので堆積岩ですが、マグマが冷えて固まってできる岩石なので火成岩であるともいえます。

30

さまざまな岩石

海が干上がって できた岩石

　海水がすべて蒸発して干上がってしまうなんて想像できませんよね。しかし、乾燥地帯で閉じ込められた海が完全に干上がってしまったことが地質時代には何度もあります。その証拠が、海水から沈殿した岩塩や石膏などの蒸発岩の存在です。海水の中にはさまざまな鉱物の成分が溶け込んでいます。蒸発によって海水が減少すると、海水に溶け込んでいる塩類が結晶となって海の底に沈殿して固まり岩石となります。初めは炭酸カルシウムが石灰岩として沈殿し、さらに海水の蒸発が進むとこんどは硫酸カルシウムが石膏となって沈殿します。もっと蒸発が進むと海水の中の塩化ナトリウムが岩塩となって沈殿します。

　日本のような降雨の多い地帯ではこうした蒸発岩が大規模に形成されることはまずありませんが、乾燥地帯では現在でも蒸発岩が盛んに形成されています。ヨーロッパとアフリカ大陸にはさまれた地中海は大西洋とつながった海ですが、その海底には厚い石膏や岩塩などの蒸発岩の層が広がっています。これは、いまから500〜600万年前に地殻変動により地中海が大西洋から切り離され、乾燥により地中海の水がほとんど蒸発して干上がってしまったときにつくられた地層だと考えられています。もっと古い時代の厚い岩塩の地層は、中央〜東ヨーロッパ、中東、アフリカなどのあちこちで見つかっています。どれも、地殻変動で切り離された海が干上がって形成されたものです。

　岩塩はまわりの堆積岩より軽いため、堆積岩の地層の中で岩塩が浮かび上がって堆積岩の中にドーム状の盛り上がった構造をつくることがあります。こうしたドーム構造にはしばしば石油や天然ガスが集まっていることがわかりました。そのため、メキシコ湾などの油田地帯では岩塩のドームをねらって石油探査が行われています。

31 水から沈殿した岩石

さまざまな岩石

　温泉水のような地下の高温の水には、岩石を構成するさまざまな成分が溶け込んでいます。水温や水質が変化すると鉱物成分が水に溶けていられなくなって、結晶となって沈殿し固まって岩石をつくることがあります。温泉の湧き出し口のそばに、お湯から沈殿した湯の華が固まっているのを見たことがあるかもしれません。これは地表に湧き出した温泉水の温度が下がって、水に溶けきれなくなった成分が鉱物となって沈殿した岩石です。また炭酸カルシウムからできている石灰岩は二酸化炭素が溶け込んだ酸性の水には溶けてしまいます。そして水の酸性度が弱くなるとこんどは水に溶けていた炭酸カルシウムが方解石（ほうかいせき）として沈殿します。このようにして水溶液から沈殿してできる岩を沈殿岩といいます。

　地下水から沈殿する鉱物がつくる岩石は、ときには厄介な問題を引き起こします。地熱発電は地下の高温の熱水を取り出して発電に使うのですが、この高温の熱水にはさまざまな鉱物の成分が溶け込んでいます。発電に使うために地下から熱水を取り出すと、熱水の温度や圧力が下がってしまいます。すると、熱水に溶けていた鉱物成分が沈殿してかたい岩石になって、熱水を取り出すパイプを詰まらせてしまうのです。

　自然界でもこのように熱水からさまざまな鉱物が沈殿しています。岩石の主要な構成成分であるケイ酸が熱水から沈殿すると、石英となります。針の山のような水晶のかたまりは、このような熱水から沈殿した石英の結晶なのです。また、岩石に微量に含まれているさまざまな元素、たとえば金や銀などが地下の熱水によって集められ、資源として利用可能な形で沈殿したものが熱水鉱床（ねっすいこうしょう）です。私たちの日常生活を支えるさまざまな金属資源のほとんどは、こうした水の働きによって元素が集められてつくられる熱水鉱床から取り出されたものなのです。

たとえば

マグマに熱せられた水が、地下の空洞に流れ込むことがあります

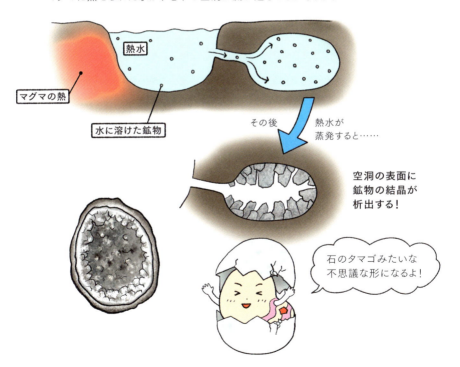

さまざまな岩石

岩石の大変身 "変成岩"

　地表付近にあった岩石が地下に運ばれて高い圧力や高温にさらされると、もともとの岩石をつくっていた鉱物は分解し、地下の高温や高圧で安定な別の鉱物に変わろうとして固体のまま再結晶しはじめます。このような再結晶化を変成作用といい、そうしてできた岩石を変成岩とよびます。温度や圧力、また元の岩石の成分のちがいなどによって、変成岩をつくる鉱物の種類や組み合わせがさまざまにちがってきます。ですから変成岩をつくる鉱物の種類や化学組成のちがいを調べると、その変成岩がどれぐらいの温度や圧力で変成したのかを知ることができます。

　変成作用にはいくつかの種類があります。地下の岩石の中に高温のマグマが入り込んでくると、周囲の岩石がマグマの熱で加熱されて再結晶した変成岩がつくられます。これは接触変成岩といいます。地表付近でできた岩石がプレートの運動によって地下に引きずり込まれて高い温度・圧力のもとで再結晶すると広域変成岩とよばれる変成岩ができます。ときにはマントルの深さまで引きずり込まれた岩石が変成岩となって地上に露出することもあります。強い力を受けてできる変成岩もあります。断層のまわりで岩石がすりつぶされながら再結晶すると、細かな鉱物の集合体からできた岩石ができます。こうした変形による岩石も変成岩の一種で、断層岩とよばれます。もっと激しい力を受けてできる変成岩もあります。隕石が地面に激突すると、瞬間的に超高温・超高圧になった岩石が再結晶して変成岩ができます。ときにはダイヤモンドができるほどの超高圧になることもあります。

　こうして、一度できた岩石も地球の中でさまざまな温度や圧力の変化を受け、ときにはプレートの動きでもみくちゃにされて、それに合わせて別の鉱物に変身しなければならないのです。岩石も大変ですね。

さまざまな岩石

マグマに焼かれた岩石

　岩石の中に高温のマグマが貫入(かんにゅう)すると、まわりの岩石の温度が急上昇します。すると堆積物や火山岩をつくっていた低温で安定な鉱物は、熱にさらされて高温で安定な別の鉱物に再結晶しはじめます。また、鉱物の種類は変わらなくても、細かい鉱物粒子の集合だったものが熱の影響で次第に合体して大きな結晶に成長していきます。このような変成作用を接触変成作用とよび、そうしてできる岩石を接触変成岩といいます。

　接触変成岩はマグマの熱を受けてできますが、広域変成岩のように強い変形を受けることはあまりありません。ですから、接触変成岩には片理(へんり)のような変形組織はほとんど発達しません。また、マグマの熱がおよぶ範囲はそれほど広くないので、広域変成岩のように日本列島を縦断するような広い範囲に変成岩がつくられることはなく、貫入したマグマが冷えて固まった貫入岩のまわりにだけ接触変成岩ができます。温度のちがいによってできる鉱物が異なるので、貫入岩に近づくにつれて、より温度が高い条件でできる鉱物からなる接触変成岩ができます。

　砂岩や泥岩が接触変成を受けると、岩石をつくっている石英などの細かな鉱物が再結晶してしっかりと組み合わさり、とてもかたいホルンフェルスとよばれる岩石になります。ホルンフェルスとはドイツ語でかたい角のような岩石、という意味です。アルミニウムを多く含む泥岩が接触変成を受けると、泥岩の中に紅柱石(こうちゅうせき)や菫青石(きんせいせき)などの大きな結晶が点々と育つことがあります。その模様はまるで桜の花のように見えることから、桜石(さくらいし)とよばれます。石灰岩が接触変成を受けると、石灰岩をつくる方解石が再結晶して大理石とよばれる粗い方解石の結晶の集合体からなる岩石ができます。大理石は加工しやすく、またその石の模様が美しいことから、壁などの装飾によく使われます。

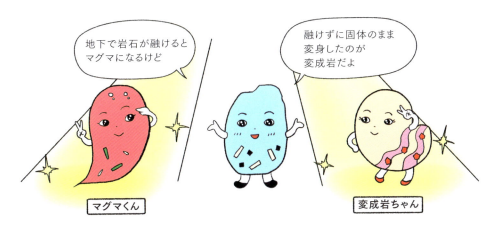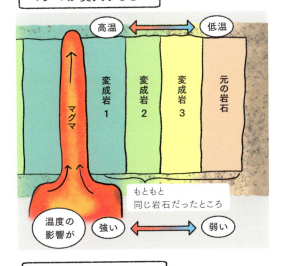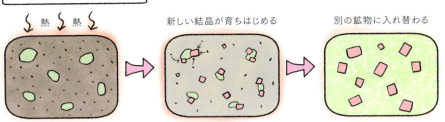

34 さまざまな岩石

地下深くまで押し込められた岩石

　海の底をつくるプレートが地球の内部に沈み込む"沈み込み帯"では、地表付近でできた堆積岩や火山岩がプレートの動きにのって地球の内部に引きずり込まれていきます。ときには地下数10kmの地殻下部の深さまで地表付近でできた岩石が沈み込むこともあります。そのような深さでは岩石にかかる圧力は数万気圧にもおよび、また温度も数100℃に達します。そうなると、地表付近でできた岩石をつくる鉱物、たとえば粘土鉱物などは不安定になって分解してしまい、代わりにその成分を使って高温・高圧でも安定な鉱物が成長します。

　沈み込むプレートの温度はまわりの岩石よりも低いので、それに乗って地下に運ばれた岩石は温度があまり上がらないまま高い圧力を受けます。またプレートの動きによって地下に引きずり込まれるときに岩石は激しく変形を受け、引き伸ばされながら再結晶化していきます。すると岩石の中で雲母や角閃石のような鉱物が一方向に並んで、板のように割れやすい岩石ができます。こうした変成岩をとくに結晶片岩といいます。もう少し陸側で火山が並んでいるような場所の地下で岩石が高温の変成作用を受けると、鉱物の結晶が大きく成長して粗粒の変成岩ができます。ときには岩石の一部が解けてマグマができることもあります。

　プレートの運動によって地下に引きずり込まれた岩石が再び押し上げられると、ときには数100kmも続く変成岩の岩体が地表に現れます。こうした広範囲に分布する変成岩を広域変成岩とよびます。日本列島に沿って、プレートの沈み込み帯に沿ってこうした広域変成岩が次々とつくられたので、日本列島では時代の異なるいくつもの変成岩が並んでいます。広域変成岩は、地球全体のプレート運動がつくり出す変成岩なのです。

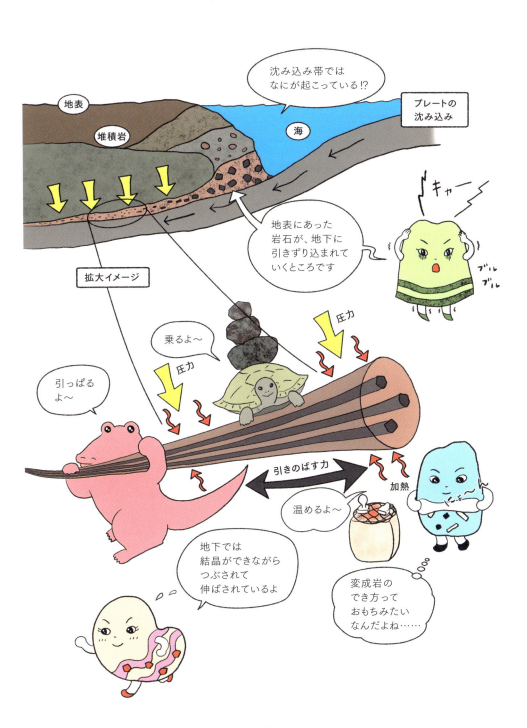

35

さまざまな岩石

マントルは宝石のかたまり

　地球の大きさにくらべると地殻の厚さはほんのわずかで、地殻をすべて合わせても地球全体の体積の1%にすぎません。そしてその地殻の下にはマントルとよばれる膨大な量の岩石があり、地下約2900kmまで続いています。マントルは地球の体積の80%以上を占めています。地殻の厚さは地球全体にくらべて薄いとはいえ、現代の掘削技術ではまだ地殻を掘り抜いてマントルまで到達することができません。なので、私たちはまだマントルの岩石を直接見たことがないのです。

　なぜ地殻とマントルを区別するかというと、地殻とマントルをつくる岩石の種類がまったく異なるからです。マントルをつくるかんらん岩は地殻の岩石にくらべてケイ素やナトリウム、アルミニウムといった軽い元素が少なく、マグネシウムや鉄を多く含みます。そのためかんらん岩の密度は地殻の岩石の密度よりもずっと大きくなります。そのような重いかんらん岩は、軽い岩石からできた地殻を突き破って地上に出てくることができません。しかし、まれに地殻変動により引きはがされたマントルのかんらん岩の一部が持ち上げられ、地表に露出している場所があります。またマグマが地表に噴出するときに、通り道にあったかんらん岩のかけらを一緒に持ち上げてくることもあります。そうしたマントルから持ち上げられてきた岩石を調べることで、地殻の下にひそむマントルの特徴を明らかにすることができるのです。地殻のすぐ下のマントルをつくるかんらん岩は、おもにかんらん石という鉱物からできています。純粋なかんらん石の透明度の高い薄緑色をした結晶はペリドットという名前でよばれ、宝石として使われます。また、ダイヤモンドも高い圧力がかかったマントルかんらん岩の中でつくられます。マントルは宝石のかたまりなのです。

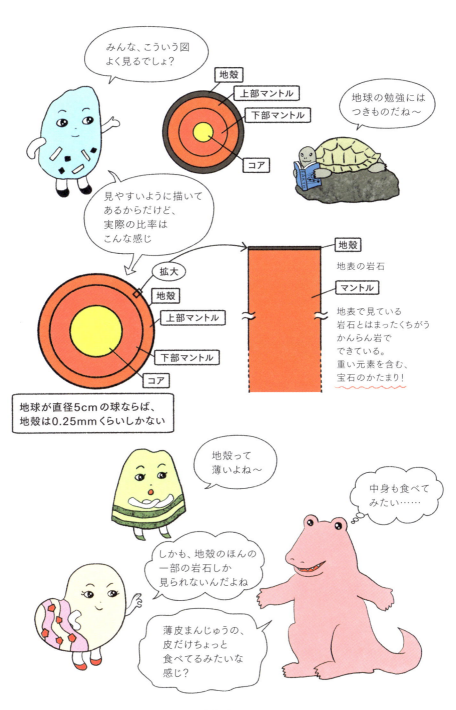

さまざまな岩石

36 宇宙から降ってくる岩石

　岩石でできた小天体が地球の引力によって引き寄せられて落下し、大気の中で燃えつきずに地表まで落ちてきたものが隕石です。隕石にはいろいろな種類があります。多くの隕石は地球の岩石と同じようなケイ酸塩の岩石でできた石質隕石とよばれるものです。中にはおもに鉄やニッケルからなる隕鉄とよばれる隕石もあります。宇宙空間からは１年間に数千トンもの固体物質が地球に降り注いでいるといわれていますが、そのほとんどはとても小さい塵のような粒子なので、高速で大気に突入すると燃えつきてしまいます。隕石として地表まで届くものはごくわずかです。

　石質隕石の多くはコンドライトとよばれる岩石でできています。岩石の微粉末が原始太陽系の中で加熱されて溶融してできた微細なしずくがふたたび宇宙空間で冷え固まってコンドルールとよばれる小さな球状粒子となり、それが集まってできた岩石がコンドライトです。太陽系ができたときの細かな粒子が残っていることから、コンドライト隕石の元となった天体は大きな天体に取り込まれて溶融したり熱変成を受けたりすることなく、ほとんどそのままの状態で残っている天体だと考えられています。

　原始太陽系の中では小天体が衝突・合体して次第に大きな惑星ができるとき、衝突のエネルギーで岩石が大規模に溶融します。すると重い金属元素は惑星の中心に沈んでコアをつくり、軽いマグマは上昇してマントルや地殻をつくりました。そうした惑星内部が比重により分離して成層構造をつくっている天体にほかの天体が衝突し、ふたたび粉々になった破片が宇宙空間を漂って、やがて地球に落下してきた隕石もあります。そんな天体の金属核の破片が地球に落ちてきたものが隕鉄です。

きほんミニコラム

月や火星の落とし物

　隕石の中には、月や火星からやってきたと考えられるものが見つかっています。月や火星などの天体に大きな隕石が衝突すると地表付近の岩石を弾き飛ばしてクレーターができますが、そのときに宇宙空間にまで岩石が飛び出すことがあります。そうした岩石が太陽系の中を漂って、やがて地球に落下してくるのです。火星から飛び出した岩石は太陽の引力によって次第に太陽系の中心に落ちていくので、火星よりも内側を公転している地球に火星からの隕石が落下するチャンスがあるのです。地球からはぎ取られた破片も、きっと金星や水星にも隕石となって落下しているにちがいありません。水星や金星にいるかもしれない誰かは、地球からの落とし物に気づいてくれるでしょうか？

Chapter 4

岩石のうつりかわり

かたい岩石も削られる

　岩石も水や空気の作用によって少しずつ削られて、かたい岩石でできた高くそびえる山もいつかはなくなってしまいます。あんなにかたい岩石がどのようにして削られていくのでしょうか。

　地表で岩盤が削られていく作用を侵食といいます。水の流れは岩石の侵食に大きな役割をはたします。水の流れによる水圧が岩盤にある小さな割れ目やくぼみにかかると、その高い圧力によって割れ目が押し広げられ、やがて岩盤に割れ目が広がって岩盤から岩石の破片がはぎ取られます。水に含まれる空気の泡も侵食には大きな役割をはたします。打ち寄せる波などの水流よって岩盤の割れ目の中に空気の泡が押し込まれると、空気は圧縮されて高い圧力が生まれ、その圧力で割れ目が押し広げられ岩盤が砕けます。水や風の流れによって運ばれてくる砂や礫などが岩盤に衝突したり岩盤の表面にこすり付けられたりすると、その衝撃で岩石の表面が削られていきます。岩盤からはがれ落ちた岩石の破片は砂や礫となって、またほかの岩盤に衝突して侵食を進めていきます。でもかたい岩盤はなかなか削れません。このあと紹介する岩石の風化作用によって岩石の表面に細かい割れ目ができたり岩石をつくる鉱物が弱くなったりすると、そうしたところから小さな破片がはがされ、やがて大きな岩盤も削られていくのです。"点滴石をも穿つ"です。

　岩石をつくる成分が水に溶けて岩盤が侵食されることもあります。特に石灰岩の成分である炭酸カルシウムは酸性の水に溶け出しやすいので、岩石が化学的に溶けてしまうことで岩盤が削られていきます。生き物の働きもときには岩盤の侵食には大きな役割をはたします。植物の根が岩盤の割れ目に入り込んで押し広げ、岩盤が割れていくこともあります。こうして、地表にさらされた岩石は次第に削られていくのです。

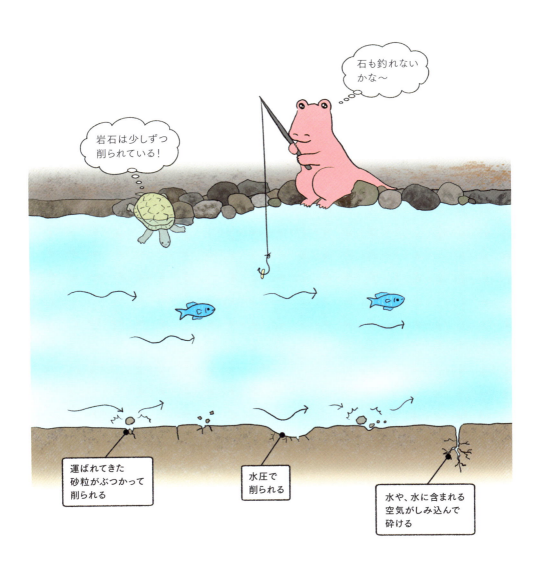

38 岩石のうつりかわり

岩石がいつの間にか
ぼろぼろに

　地表は岩石にとって過酷な環境です。地表近くにある岩石は、日中は温められ、夜はまた冷えるように絶えず大きな温度変化を受けます。そして、水や空気にもさらされています。また動物や植物などがその上に生育しています。かたい岩石でもこうした地表近くの環境に長期間さらされていると、岩石をつくる鉱物が変質したり分解したりして、次第に崩れて砂や礫になってしまいます。こうしたプロセスを風化といいます。

　岩石が風化すると細かい粒子に砕けていき、またかたい鉱物が分解してやわらかい粘土鉱物に置き換わっていきます。そのため風化の進んだ岩盤はもろく、水や風による侵食を受けやすくなります。侵食によって風化した岩石が取り除かれてその下の新鮮な岩石が露出すると、また風化が進行して岩盤がもろくなり侵食されるということを繰り返して、次第に高い山も削られていくのです。

　風化はさまざまな反応が組み合わさって起こっています。大きく分けると、岩石が壊されて細かい粒子になっていく反応と、岩石を構成する鉱物が大気や水などと化学反応を起こして分解していく反応があります。この風化作用には生物の存在も大きな役割をはたしています。植物の根が岩石の微細な割れ目の中に入り込んだり、生物が分泌したり生物の遺骸から生じる化学物質が岩石と反応したりして岩石の風化を促します。

　岩石の風化は私たち生物の暮らしに重要な役割をはたしています。地球の地表では、岩石が風化して砕けてできた細かな粒子と粘土鉱物、それに生物の遺骸が分解してできた有機物が混合して土壌がつくられます。土壌には風化した岩石から分離したさまざまなミネラル分が含まれていて、それが植物の生育を支えています。岩石の風化なくして私たち生き物が暮らしていくことはできないのです。

物理的風化	化学的風化
→衝突や圧力で岩石が崩れる	→化学変化で岩石が崩れる

歯でかみ砕くような
イメージ

消化液で溶かすような
イメージ

岩石のうつりかわり

岩石から砂粒に

　岩石が機械的に壊れて細かな粒子に砕けていく作用を物理風化といいます。岩石が温められたり冷えたりするたびに、鉱物の粒子は膨張と収縮を繰り返します。岩石は細かな鉱物などの粒子の集合体でできていますが、鉱物の種類によって温められたときの膨張率や収縮率が異なります。するとちがう種類の鉱物の粒子の間では温められたり冷やされたりするたびにひずみが生じて、ついにはその境界がはがれてしまいます。また泥岩などに含まれる粘土鉱物は、水を吸ったり乾燥したりするたびに膨張と収縮を繰り返すため次第に岩石の中にひずみが生じ、ついには細かな割れ目が発生してばらばらに砕けてしまいます。

　このような膨張収縮によってできる細かな割れ目のほかにも、岩石にもともとある割れ目や、その後地殻変動で変形を受けたときにできた割れ目などが無数にあります。そうした割れ目に水が入り込むと、割れ目が押し広げられて岩石の破砕が進みます。破砕を進める作用の一つは、割れ目に入り込んだ水に溶けている塩の作用です。岩石の割れ目に入り込んだ水には、岩石から溶け出した塩類が含まれています。また海のそばなどでは海水のしぶきが岩石の割れ目に入り込むこともあります。そうした岩石の割れ目の中の水が乾燥すると塩類の結晶が成長します。そのときに割れ目の中で塩類の結晶が膨張して、岩石の割れ目を押し広げていきます。寒い地域では、岩石の割れ目に入り込んだ水が凍結して膨張することによって、岩石の割れ目が押し広げられます。割れ目の中の水の凍結と融解を繰り返すと次第に割れ目が広がり、ついには岩石がばらばらに砕けてしまいます。ちょっとした温度変化や乾燥を繰り返すことで、長い間にはかたい岩石も粉々に砕けて、砂粒になってしまうのです。そうしてつくられた砂粒が水に運ばれて堆積物となるのです。

岩石のうつりかわり

岩石が溶ける

　岩石をつくる鉱物には、空気中の酸素や二酸化炭素、あるいはそれらを溶かした水と化学反応を起こすものがあります。たとえば石灰岩をつくる方解石は二酸化炭素が溶け込んだ酸性の水には溶けてしまいます。砂や泥の粒が方解石で固められた堆積岩は、接着剤の役割をはたしている方解石が溶けてしまうとばらばらの砂や泥に戻ってしまいます。

　火成岩をつくる鉱物としてはとてもありふれた鉱物の一つである斜長石が空気中の二酸化炭素や水にさらされていると、斜長石に含まれているナトリウムやカリウムが水に溶け出し、その代わりに水が取り込まれてさまざまな粘土鉱物に変化します。黄鉄鉱などの硫黄と鉄を含む鉱物は空気に触れると分解して、硫黄は硫酸になって水に溶け出し、残った鉄は水と結びついて鉄さびである水酸化鉄になってしまいます。このような風化でできる粘土鉱物や水酸化鉄の鉱物はもろくやわらかいので、風化が進むと岩石は崩れやすくなります。また岩石が水を取り込んだり酸化したりすると、岩石は膨張し細かな亀裂が入ります。そうして岩石はぼろぼろに崩れてしまいます。

　岩石から溶け出した元素は土壌に取り込まれて、やがて植物が生育するための栄養素となります。いっぽう、水に溶け出しにくいアルミニウムは風化した岩石に次第に集まっていきます。雨が多く気温が高い熱帯では、岩石の風化が進むとほとんどアルミニウムの水酸化物のかたまりとなったボーキサイトが生まれます。ボーキサイトは、私たちの生活に欠かせないアルミニウムの資源です。またケイ素と酸素が強く結びついた石英はほとんど化学風化を受けません。風化に耐えて生き残った石英の砂粒からできた砂は珪砂とよばれ、ガラスの原材料として使われています。

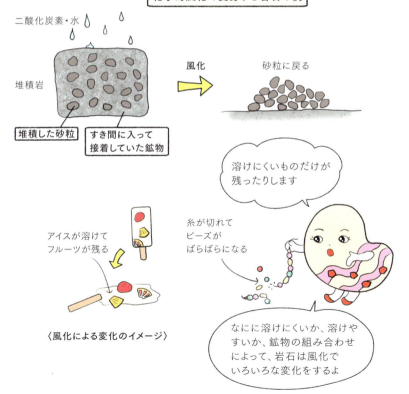

岩石のうつりかわり

かたい岩石から土ができる

　みなさんのもっとも身近にある地球の物質は土でしょう。植物が根を張り水分や養分を得ている土壌は、風化した岩石の細かな破片と動植物の遺骸が分解した有機物の混合物からできています。

　土壌をつくるためにはかたい岩石が風化して細かなやわらかい土に変わる必要があります。それには化学風化がまず大きな役割をはたします。岩石に雨がしみ込むと、岩石をつくる鉱物は酸素や二酸化炭素、水と化学反応を起こして風化していきます。動植物の遺骸が分解したときにできる有機酸も雨水とともにしみ込んで岩石の風化を促します。砂粒のような細かな岩石の破片も、化学風化を受けて次第に粘土に変わっていきます。こうして、岩石のかたまりがバラバラの砂や泥となり、岩石をつくる鉱物がやわらかい粘土に変わっていきます。

　岩石が化学風化して粘土になるだけでは土壌とはいえません。さらに動植物の遺骸が分解してできた有機物が蓄積することも必要です。風化でできた粘土鉱物はさまざまな化合物を吸着する性質があるので、植物の生育に必要な物質を保持して豊かな土壌をつくる材料となります。また動植物の生育には不可欠な水分も、粘土鉱物の隙間に保持されます。土壌に適度な水が含まれることで、土壌はやわらかくなります。さらに、生き物の働きも大事です。植物の根が土壌の中に伸び、土の中を移動する虫などの小動物が土壌をかき混ぜることによって、土壌は水と空気を適度に含んだ植物の生育に適したやわらかい土壌に変わっていきます。もともとの岩石の持つ地質のちがいやさまざまな気候や植生のちがいを反映して、世界中にはさまざまな種類の土壌がつくられています。私たちの暮らしを支える土壌は、岩石の風化作用と生物の活動による共同制作物なのです。

岩石のうつりかわり

温泉にゆでられた岩石

　私たちが大好きな温泉は地下から湧き上がってきた温かい地下水です。火山ガスの成分を含んで強い酸性となった高温の温泉水にさらされると、岩石をつくる鉱物は化学反応を起こして分解して、その成分の一部が温泉水に溶け出します。そして残った成分は別の鉱物をつくります。こうしてもともとの岩石とはちがう鉱物からなる岩石ができます。このようにして地下の熱水によってゆでられて、岩石がちがう鉱物の組み合わせに変化することを熱水変質作用といいます。温泉地帯で岩石が白くぼろぼろになっているのはこうした変質作用によるものです．

　熱水変質作用ではたくさんの粘土鉱物がつくられます。熱水変質作用によって岩石が粘土化すると岩石が弱くなり地滑りを起こしやすくなるので、温泉地帯では地滑り対策に苦労しています。ときには、熱水変質によって火山をつくる岩石が弱くなり、地震や噴火をきっかけに火山が大きく崩壊してしまうこともあります。

　熱水変質した岩石は私たちの暮らしに役立つこともあります。火山岩が酸性の熱水にさらされると、岩石中の鉄やナトリウムなどが温泉に溶け出し、残ったケイ素やアルミニウムなどがカオリナイトという真っ白な粘土鉱物ができます。こうしてつくられた粘土は、有田焼などで知られる白くてかたい焼き物である磁器の原料となります。金や銀、銅などを含んでいる鉱物も熱水変質によってつくられた鉱床から採掘します。

　さて、岩石と反応した温泉水はどうなるでしょう。火山ガスを含んだ高温で酸性の熱水は岩石と反応するにつれて中和され、酸性から次第にアルカリ性の水に変化します。こうして私たちはピリッとした酸性の温泉から、つるつるした肌ざわりのアルカリ性の温泉までさまざまな温泉を楽しむこともできるのです。

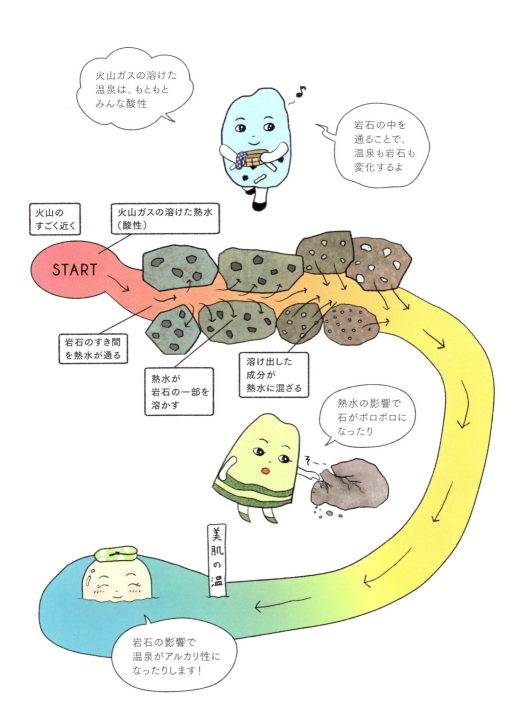

43 岩石のうつりかわり

岩石も水を吸う？

　地球の表面にはたくさんの水があります。しかし斜長石や輝石、かんらん石などマグマからできた造岩鉱物は、高い温度で結晶になったのでほとんど水を含んでいません。ところがこうした鉱物が比較的低い温度で水にさらされると、鉱物は水と反応して、鉱物の中に水を取り込んだ別の鉱物に変わります。海嶺で噴出しマグマから固まったばかりの玄武岩には水はほとんど含まれていません。しかし長時間海底で海水にさらされているうちに玄武岩をつくる鉱物が分解して水をたくさん含む粘土鉱物がつくられます。その海洋底の玄武岩地殻の下にあるマントルのかんらん岩にまで水が染み込むと、かんらん岩もまた加水分解して蛇紋石という水を含む鉱物からなる岩石に変わります。

　このようにして水をたくさん含んだ岩石でできた海洋プレートは、やがて海溝からふたたび地球内部に沈んでいきます。すると岩石は次第に高温で高圧になります。すると水を含んだ鉱物は分解してしまい、水が分離します。こうして岩石から出てきた水は上昇して、もっと浅いところで岩石を溶かして再びマグマをつくり出します。このようにしてできたマグマが噴出しているのが、日本列島のような沈み込み帯の火山地域です。そして、そこで噴き出す火山ガスに含まれている水はもともと海溝から沈み込んだ岩石に含まれていた水で、噴煙となって大気に放出された水はやがて海に戻ります。こうして、地表と地球内部の間を水が循環しているのです。

　遠い将来、地球の内部の温度が下がると水を含む岩石が分解しなくなり、地球の内部の岩石がどんどん水を吸収してしまうと考えられています。そうなると、現在地表にある水はすっかり地下に吸い取られ、地球表面はかわいた惑星になってしまうかもしれないともいわれています。

地表と地下での水の循環

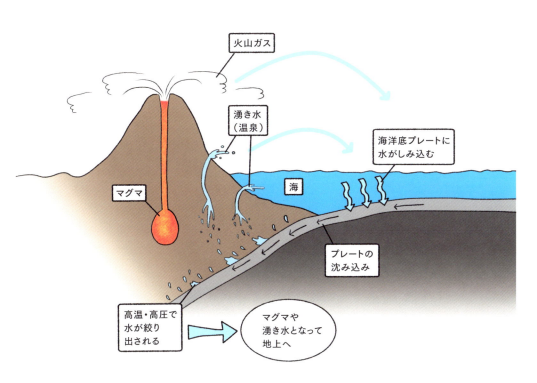

きほんミニコラム

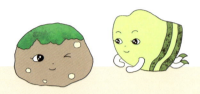

さざれ石が巌となるとは？

「君が代」の歌詞にある「さざれ石」とは小石の集まりのこと、そして「巌」は岩のことですから、さざれ石が巌となるのは、堆積した砂礫の集まりが続成作用を受けて次第に固まってかたい礫岩になることですね。礫岩が固まるまで、どれぐらい時間がかかるのでしょう。さらに「苔のむすまで」は、そうやって地下で固まってできた礫岩が隆起して地表に現れて削られて、さらにその上に苔が生えるまでという時間です。君が代の後半は、そんな礫岩ができて、それが地表で苔むすぐらいの途方もない長い時間を歌っています。岩石は人々の想像を超えた長い時間の象徴なのですね。

Chapter 5

岩石誕生のひみつ

44 岩石誕生のひみつ

岩石の古さは
どうやって測る

　岩石がマグマや堆積物から固まって岩石になってからの時間が岩石の年代です。火成岩が冷えて固まってからの時間を測る方法はいくつかありますが、もっとも多く使われている方法は岩石に含まれる放射性元素がある決まった時間の間に一定の割合で壊れて別の元素に変わってしまう放射壊変という現象を用いる方法です。

　地殻にたくさん含まれているカリウムという元素には、ごくわずかですがカリウム40という放射性の同位体が含まれています。カリウム40は時間とともに壊れてアルゴン40とカルシウム40に変わっていきます。このカリウム40からアルゴン40への変化はマグマの中でも岩石の中でも起こります。でも岩石が溶けているときには、希ガスであるアルゴンはマグマから簡単に抜け出してどこかに行ってしまいます。しかしマグマが固まって岩石になるとアルゴンは岩石から抜け出すことができなくなり、時間が経つほど岩石の中にカリウム40から生まれたアルゴン40がたまっていきます。この減っていくカリウム40と増えていくアルゴン40の相対的な量をくらべると、マグマから岩石が固まってからの経過時間を知ることができるのです。同じように、ストロンチウムやウラン、鉛などの放射性同位体元素を使った年代測定方法も盛んに使われています。

　こうした岩石の年代測定には、岩石にごくわずかに含まれている同位体元素の量を正確に計る必要があります。近年では元素の分析技術が発達して、鉱物の中の髪の毛の太さぐらいの範囲に含まれている同位体元素の量を正確に測定することができるようになりました。その技術を使って、岩石まるごとだけではなく、岩石に含まれる特別な鉱物の一粒一粒や、さらにその中の小さい領域までも年代を測ることもできるのです。

45 岩石誕生のひみつ

地球で一番古い岩石

　地球の岩石ができたのはいつでしょうか？　約46億年前に微惑星が集まって地球がつくられたとき、衝突のエネルギーによって地球の表層の岩石は大規模に溶融して、密度のちがいによって地殻やマントルに分離しました。その後、地球表面が冷えて固まって地球最古の岩石がつくられたと考えられています。

　古い地殻岩石が大規模に残されている大陸地域を楯状地とよびます。とくに、オーストラリア大陸西部やアフリカ大陸南部、北米大陸のカナダ周辺などの楯状地には極めて古い岩体が分布しています。カナダ北部の楯状地をつくるアカスタ片麻岩とよばれる岩石の年代を地質学者が測定したところ、40億年以上前に固まったマグマが元になった岩石であることがわかりました。アカスタ片麻岩は、現在のところ地球をつくる岩石としてはもっとも古い年代が得られた岩石です。地質学者は地球の最初期の様子を探るためにそうした地域で地質調査を続けています。

　岩石に含まれる鉱物の年代を一粒ずつ測定すると、もっと古い鉱物が見つかります。西オーストラリアのジャックヒルズの礫岩の中から見つかったジルコンの結晶はなんと約44億年前に結晶になったことがわかりました。これは太陽系ができてからわずか1億6000万年ほどでできた岩石ということです。ジルコンと一緒にできた岩石は地殻変動や侵食作用によってすでに失われてしまったのですが、丈夫なジルコンの結晶は壊されることなく、それができたときの年代を記録していたのでした。

　地球の表層部の岩石は侵食や地殻変動などにより絶えずつくり替えられ続けているので、地球ができた最初期の岩石はほとんど残っていません。地球の表面が地球の年代よりもずっと新しい岩石でできているのは、地球がいまも活発に活動を続ける惑星だからです。

岩石誕生のひみつ

日本列島で
もっとも古い岩石

　日本列島はユーラシア大陸と太平洋の間に位置する活発な変動帯にあります。過去数億年以上もの間、世界で一番大きな海洋である太平洋の海の底をつくるプレートが、ユーラシア大陸をつくるプレートに向かって沈み込み続けています。沈み込む海洋プレートによって付加体がつくられ、深部ではそれが広域変成岩となり、また大量のマグマがつくられて貫入しています。そうした活発な活動によってつくられた比較的新しい岩石が日本列島の大部分をつくっています。

　しかし、日本列島の中には比較的古い岩石の断片が紛れ込んでいます。古い岩石の一つは、朝鮮半島や中国大陸などから流されてきた礫です。日本列島をつくる中生代の堆積岩の中には、大陸から流れ込んできたと考えられる古い岩石がときどき礫となって取り込まれています。日本列島にはない正珪岩や、古い時代の片麻岩などです。また、2000万年前に日本海が形成され、日本列島が大陸から切り離されたときに、大陸に分布する古い変成帯の一部が切り取られて日本列島に取り込まれたと考えられる古い岩体も見つかっています。北アルプスの飛騨変成岩や、隠岐島に分布する隠岐変成岩、あるいは阿武隈山地にある日立変成岩などがそうです。日立変成岩には5億年以上昔の先カンブリア紀の岩石があるといわれています。さらに最近、島根県西部の津和野の付近にある断層帯に挟み込まれた花崗岩質の岩体が、約25億年前につくられてその後変成作用を受けた変成岩であるという研究成果も発表されています。

　こうした岩石の年代は、その中に含まれる鉱物の粒子の年代を使って推定されます。そのため岩石の年代と鉱物年代が一致するかなどをくわしく検討する必要はありますが、こうした大陸地殻のようなとても古い岩石が日本列島の中に紛れ込んでいると考えるとわくわくしますね。

47 岩石誕生のひみつ

できたての岩石

　実際に岩石が生まれる瞬間を見ることができるのは火山の噴火でしょう。地表に噴出したマグマが冷えて固まる時間はごく短く、本当に目の前で真っ赤に流れる溶岩がみるみる固まって岩石に変わっていくようすを目の当たりにすることができます。でもマグマはなぜ地表に噴出するとすぐに固まってしまうのでしょうか？　マグマが地下にあるときには、まわりを取り囲む岩石がいわば保温材のようにマグマから熱が逃げるのを防いでいます。しかしマグマが地表に噴出してしまうと、高温のマグマの表面から放射によって熱が逃げてしまいます。また、まわりの空気や水がマグマから熱を奪い去ってしまうので、マグマは地表に噴出するとすぐに冷えて固まり、新しい岩石が生まれるのです。

　活発に噴火を続ける火山では、地下から絶えずマグマが噴出しては固まり新しい火山岩が生まれています。日本列島ではたくさんの火山が噴火して新しい溶岩をつくり出しています。日本列島では20世紀がはじまってからの100年あまりの間に、陸上の火山だけでも約2立方キロメートルもの新しい溶岩が生まれています。こうした火山に行くと、みなさんよりも後から生まれた岩石を見ることができるかもしれません。

　地球上でもっともたくさんのマグマがつくられているのは、深海底に続いている中央海嶺です。中央海嶺ではマントルが融けてできたマグマが上昇しては固まり、玄武岩質の岩石からできている新しい海洋地殻をつくり続けています。全地球でつくられるマグマのおよそ8割が中央海嶺で生まれていると考えられています。その量は1年間に全地球でおよそ21立方キロメートルになります。なんと、毎秒約700立方メートルもの岩石が地球上では生まれていることになります。こうして地球の表面は絶えずマグマが噴出して新しい火山岩に覆われているのです。

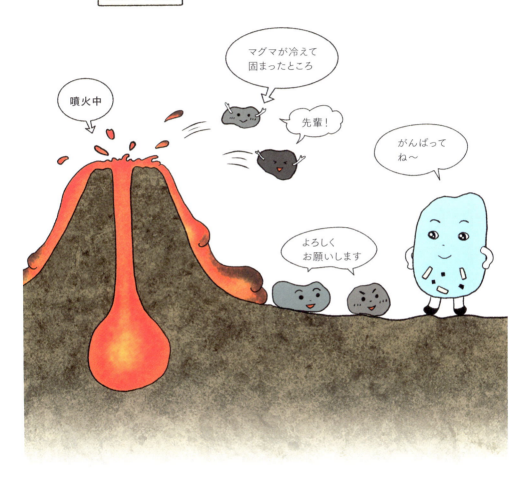

岩石誕生のひみつ

いまもどこかで岩石ができている

　溶岩のようにあっという間に固まってできる岩石にくらべると、堆積岩や変成岩、深成岩のような岩石は私たちの目に触れない地下深くで、とても長い時間をかけてゆっくりとつくられていきます。厚く積もった砂や泥などが地下深くに埋没すると、初めはやわらかかった堆積物が次第に固まって堆積岩に変わっていきます。プレートの沈み込みによってもっと地下深いところまで押し込まれた岩石は、高い温度や圧力による変成作用を受けて変成岩に変わります。地下深いところに貫入したマグマは、ゆっくりと冷え固まり深成岩になります。こうしたプロセスは地下で進行しているため、私たちの目に触れることはありません。

　しかし、岩石をつくる作用はいまこの瞬間も地球の中で確実に続いています。たとえ関東平野や大阪平野のようなゆっくりと沈降している地域では、そうした堆積物が厚いところでは数千メートルも堆積しているので、その下の方の堆積物は押し固められて堆積岩ができつつあります。日本海溝や南海トラフなどの海溝では、沈み込むプレートによって海底の堆積物がときには数10kmもの深さにまで押し込められています。日本列島の下では、こうして押し込まれた堆積物が変成岩に変わりつつあります。また、火山の下には、地表に噴出するよりももっとたくさんのマグマが地下にたまったまま、数万年から長いときには数100万年もの時間をかけてゆっくりと冷え固まって、花崗岩などの深成岩をつくっています。

　こうした地下でゆっくりと進む岩石ができるようすを直接見ることはできませんが、私たちの住む日本列島のような地殻変動が活発なところの地下ではこうした岩石をつくるプロセスがいまも進行していて、絶えず新しい岩石が生まれているのです。

きほんミニコラム

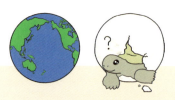

地球の年齢

　地球はできてからどれぐらい時間が経っているのでしょう？　人々は昔からさまざまな工夫をして地球の年齢を知ろうとしてきました。科学の発達以前には聖書などの宗教的な文書の解釈から天地創造の年代が推定されていて、17世紀になってもまだ地球の誕生は約6000年前と考えられていました。そののち、火成岩がマグマからできたことがわかりはじめると、地球の大きさのマグマのかたまりが冷え固まるまでの時間や、川の水が流れ込んで海に塩が蓄積するまでの時間を計算して、地球はもっと古くて数千万年以上といわれるようになったのがようやく19世紀後半なのです。そして、20世紀の始めに発見された放射性元素の崩壊という現象を使って岩石の年代を直接測定できるようになり、20世紀も後半になって、ようやく現在知られている約46億7千万年という地球の年齢がわかってきたのです。

Chapter 6

役に立つ岩石

役に立つ岩石

岩石はもっとも古い道具

　身近にあった岩石は、人類が最初に手にした道具の一つだったにちがいありません。かたくて重い岩石は、木の実などのかたいものを割ったりたたき潰したりする道具として適当でした。そうするうちに鋭い岩石が物を切り裂く道具としても役に立つことに気づき、石を割って刃物としての石器をつくるようになりました。300万年以上前から人類の祖先はそうした石器をつくりはじめていたという説もあります。次第に人類の祖先の知能が発達すると、岩石の種類によってかたさや割れ方がちがうことにも気づきました。そして、鋭い刃物として使える岩石を選んで石器をつくるようになりました。アフリカのタンザニア北部で発見されたオルドヴァイ遺跡は現在までに知られている中でもっとも古い遺跡の一つで、約180万年前までさかのぼることができる多くの石器が見つかっています。これらの石器には、珪岩やチャート、玄武岩溶岩などの固くて鋭く割れる岩石がとくに選ばれて使われています。この頃の人類は、そうした岩石にどんな名前を付けてよんでいたのでしょうかね？

　それから長い年月の間に、人類は全世界に広がっていきました。そして世界各地で石器に適した岩石を見つけては、それに合った加工方法を工夫していきました。火山地域で産出する黒曜岩や、細粒の堆積岩中に形成された珪質ノジュールである燧石（フリント）などは、とくに鋭く固い刃をつくることができるので世界中で石器の材料として珍重されていました。そして、そのような石器づくりに適した岩石がどこにあるのかを知るようになり、そうした岩石を求めてわざわざ遠距離を移動したり、物々交換によってそれを手に入れたりするようになりました。約1万年前の最終氷期が終わる頃まで、人類はそうして岩石をたたき割ってつくった道具を使って生活していたのです。

役に立つ岩石

鋭く割れる岩石を求めて

　粒子が細かく緻密でかたい岩石は切れ味の良い鋭い石器をつくる材料として優れています。石器時代の人々は身近にあるさまざまな岩石の中からそうした石器に適した岩石を探し求めました。そして知らず知らずのうちに各地の地質を反映して、地方ごとにさまざまな特産の岩石を石器として使うようになったのです。

　石器時代の人々にとくに好まれたのは火山ガラスからできた黒曜石です。黒曜石自体はあちらこちらの火山で産するのですが、石器時代の人々は、火山ガラスの部分が均質で崩れにくく、また斑晶とよばれる鉱物粒子が少ない、石器として使いやすい上質の黒曜石を探し求めました。日本列島では、北海道東部の白滝や、長野県の和田峠、大分県の姫島などで産する黒曜石は質がよく石器をつくりやすかったので、石器時代の人々の手から手に渡り、産地から数 100km も離れたところまで流通していったことが発掘される石器の分布からわかりました。

　近畿地方から中国地方、四国地方は、活火山がほとんどなく黒曜石があまり採れません。代わりに第三紀中新世に噴出したサヌカイトとよばれる細粒で鋭く割れるかたい安山岩が豊富に採れます。東北地方もまた良質の黒曜石があまり採れないのですが、第三紀中新世に深海底に堆積した頁岩が熱水作用で珪化した珪質頁岩とよばれる岩石が広く分布しています。珪質頁岩もまたかたく鋭い破片となって割れます。これらの岩石は上手に割ると鋭く大きな破片を取ることができるので、石器時代の人々に広く使われました。

　このように石器時代の人々は、それぞれの地域の地質に応じていろいろな岩石を石器の材料として選んできました。岩石の地域ブランドみたいなものですね。

石器時代の三大ブランド岩石

黒曜石 — 火山ガラスでできた火成岩

サヌカイト — すごく細かな火成岩。たたくといい音がする

珪質頁岩 — 海底の泥岩に石英成分がしみ込んでかたくなった堆積岩

役に立つ岩石

丈夫な岩石の使い方

　岩石はさまざまな形や大きさのかたまりとして取り出すことができる素材です。岩石は天然の素材としてはもっともかたくて丈夫なものの一つで、緻密で結晶質な岩石は大きな圧力にも耐えられます。そうした特長を生かして、昔から人々は建築物の土台など大きな力が加わるところに岩石のかたまりを使ってきました。

　岩石の中には小さな割れ目が無数に存在するので、岩石に引っ張るような力を加えるとそうした割れ目が開いてしまうのですぐに壊れてしまいます。それに対して、押しつぶすような力を加えると岩石の中の割れ目が閉じるので大きな力にも耐えられます。そのため、昔から人々は、押しつぶすような力が均等に石材に加わるように工夫して構造物をつくってきました。天然の岩石のかたまりをそのまま使うこともありますが、整形した石材をたくみに組み合わせることで石材にかかる力をうまく利用して、より大きな力にも耐えられるような構造物をつくることができるようになりました。

　もっともよく目にする岩石の利用方法の一つは石垣でしょう。石垣は大きな土の圧力がかかっても崩れないように、とくに固くて丈夫な岩石を組み合わせて使っています。高くて立派な石垣が連なっている大阪城の石垣は、おもに瀬戸内海沿いで採れたかたい花崗岩の岩塊を使って組み上げられています。高いところでは30mを超える石垣は、きれいに整形された石材を組み合わせることで石材に加わる力をうまく分散できるように築き上げられています。石垣に使われている岩石を観察してみると、割れ目がほとんどない均質な岩塊を選んで使っていることがわかります。岩石の特徴をよく見抜くことで、何百年も耐えられる構造物をつくることができたのです。

52 役に立つ岩石

かたい岩石はいつまでも

　緻密で結晶質な岩石はとてもかたくて丈夫で、長い年月雨風にさらされていてもなかなか風化せずにその形を保っています。古代から人々はそうした岩石の安定した性質を利用して、さまざまな記念物をつくってきました。

　岩石の風化には水が大きな役割をはたしていますね。岩石の中の細かな割れ目などの隙間に水がしみ込むと、水と岩石が化学反応を起こして岩石の内部にまで風化が進行してしまいます。また割れ目にしみ込んだ水の凍結や、塩類の結晶化によっても岩石の割れ目が押し広げられていきます。こうして割れ目に沿った化学風化作用・物理風化作用によって、やがて岩石がぼろぼろに崩れてしまうのです。ですから、細かな鉱物の粒子が緻密に固まっていて水がしみ込むような割れ目や隙間が少なく、また地表で化学的に安定なかたい鉱物からできている岩石が風化に強い岩石なのです。細かな細工をしたり文字を刻んだりするためにも、岩石の中に細かな割れ目が少ないことも重要です。そうした丈夫で加工しやすい特定の岩石が石造品の材料として選ばれてきました。

　細粒のはんれい岩や花崗岩といった深成岩は比較的風化に強い岩石の一つです。古代エジプト文字の解読の手がかりとなったロゼッタストーンは、ごく細かい結晶からできている緻密な花崗閃緑岩が使われているので、2000年以上経った今日でも細かい文字を読み取ることができます。十分に続成作用が進んで固結した細粒の堆積岩やそれが変成作用を受けて再結晶した粘板岩なども比較的風化に強い岩石です。宮城県石巻市で採掘される稲井石とよばれる粘板岩はとくにかたく緻密で、大きな板状の石材を割り取ることができるので石碑の材料として盛んに使われてきました。みなさんのまわりにある石碑にはどんな石が使われていますか。

53 役に立つ岩石

ひんやりとした石の倉庫

　石造りの建物の中はひんやりと感じられます。それは、岩石が熱を通しにくく、また温まりにくく冷めにくいので、外の温度変化がなかなか建物の中に伝わってこないからです。そうした特長を生かして、室内の温度をなるべく一定に保ちたい倉庫などの建築物の材料として石材が使われてきました。また岩石は燃えないので、大切なものを火災から守るためにも石造りの倉庫は重宝されてきたのです。

　火山から噴出した軽石や火山灰が固まってできた凝灰岩（ぎょうかいがん）は、岩石の中に小さな空隙がたくさんあるので断熱性がとくに優れています。栃木県の宇都宮市の周辺で採れる大谷石（おおやいし）は、そのような小さな空隙のある軽石をたくさん含む凝灰岩の一つです。大谷石は約2000万年前に海底に堆積した後に続成作用を受け、もともとあった火山ガラスが粘土鉱物や沸石（ふっせき）などの二次鉱物に変わっています。そのため大谷石はノコギリで切れるほどやわらかく、石材としてさまざまな形に加工が容易です。また岩石の中に空隙がたくさんあるのでふつうの岩石にくらべて密度が小さく、石材の重量を軽減できるので大きな建物をつくることができます。大谷石はその断熱性や耐火性の強さを生かして、大切な物品を火災などから守る倉庫や蔵として使われてきました。

　珪藻とよばれるシリカの殻を持つ微生物の殻が堆積して固まった珪藻土はやわらかい泥岩の一種です。珪藻土は岩石の中に細かい空洞がたくさんあるので断熱性に特に優れています。能登地方で採れる珪藻土はその断熱性や耐火性を生かして七輪の材料として昔から使われてきました。最近では、珪藻土中の細かい空洞が水分などを吸収する特性を生かし、吸湿剤として建物の内壁に使われたりしています。快適な生活に岩石が役に立っているのですね。

うつくしい岩石

　岩石には、さまざまな色や模様があります。岩石の表面を平らに整えてつるつるに磨くと、岩石の表面の細かなでこぼこで光が乱反射しなくなるので岩石の色や模様がよりはっきりと見るようになります。岩石の加工技術の発達にともない、大きな岩石のかたまりを薄い板に切り出してその表面を平らに磨き上げることができるようになったので、美しい大きな石材がいろいろなところに使われているのを見ることができます。

　石材としてよく使われているのが"大理石"という名前で知られる結晶質石灰岩です。石灰岩が熱変成を受けて再結晶した結晶質石灰岩は、純粋なものは真っ白な方解石のかたまりですが、岩石に含まれる不純物の量や種類によってさまざまな色に着色しています。石灰岩は比較的軟らかく加工しやすいので、模様の美しい石灰岩は世界各地で装飾用の石材として盛んに採掘されています。街中の建物の壁に、アンモナイトなどの化石が模様として入っている石灰岩が使われているのを見たことがあるかもしれませんね。

　広域変成岩の一つである片麻岩も装飾石材としてよく使われます。片麻岩は粗粒の結晶質の変成岩で、変成作用の間に大きく変形を受けているので流れるような片理が特徴的です。石英や長石といったかたい鉱物でできているので磨耗にも強く、敷石としても利用されます。花崗岩などの深成岩も装飾石材として人気です。中でも、大きなピンク色の長石の斑晶がめだつラパキビ花崗岩や、虹のような色に輝く長石がめだつ月長石閃長岩などは目にとまりますね。

　日本国内でも美しい岩石は産出するのですが、石材として大量生産できるものは残念ながらほとんどありません。そうして、美しい岩石を求めて世界中から石材が輸入されているのです。

役に立つ岩石

55 自然のまねをして
つくった岩石

　自然界での岩石のでき方を真似て人間がつくり出した"岩石"があります。建築物などに広く使われているコンクリートは、ケイ素やカルシウム、アルミニウムなどの化合物が水と反応してできた結晶であるセメントで砕石や砂の粒子の隙間を充填させ接着し、全体をかたい岩石のように固結させてつくります。これは、続成作用によって砂や礫の粒子の隙間が鉱物で充填されることによって堆積物全体が固まって礫岩ができるのとほとんど同じしくみです。見た目もそっくりで、地質学者でもときには人工のコンクリートをうっかり天然の岩石と見まちがうこともあるくらいです。

　人工物であるコンクリートは天然の岩石にくらべてずっと短い時間でしっかりと固まって"岩石"となるように、セメントの材料や成分、水との混合比率などさまざまな工夫がなされています。コンクリートの歴史は古く、2000年以上昔のローマ時代に発明されて、建造物に盛んに使われるようになりました。ローマのコンクリートは現在のコンクリートとはすこし成分が異なり、イタリア・ナポリ郊外のポッツォーリ付近で採れる火山灰と石灰などを混合したセメントが使われていました。ローマ時代のコンクリートは2000年近く経っても十分な強度を保っています。そして近代になり、ふたたびコンクリートが広く使われるようになりました。そして、目的に応じてさまざまな種類のセメントが開発されています。現代社会を支える建物や道路、橋などの構造物はコンクリートなしではつくれません。

　コンクリートのおもな原料は石灰岩です。石灰岩は日本では比較的豊富に採れる数少ない地下資源で、日本で使われるコンクリートをつくる石灰岩はほぼすべて国産のものでまかなわれています。

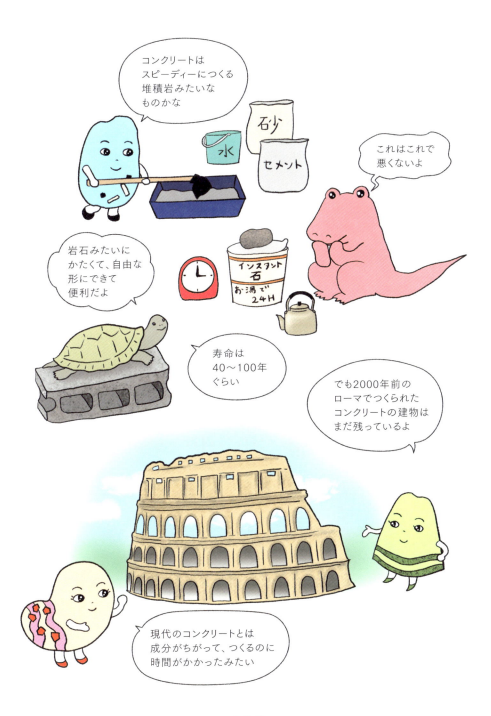

役に立つ岩石

岩石は宝の山

　私たちの生活に使われているさまざまな材料のほとんどは地下の岩石から得られたものです。私たちの生活に欠かせない燃料やプラスチックなどは原油や石炭からつくられます。原油や石炭は堆積物の中に閉じ込められた生物の遺骸が続成作用によって分解して、地層の中に蓄えられたもので、堆積岩の中から取り出されています。セメントの材料の石灰岩は石灰質の生物の遺骸からできている堆積岩そのものです。そしてセメントに岩石を砕いた砕石を混ぜてコンクリートをつくります。ガラスの材料となる珪砂は石英の粒子が寄せ集められた砂が使われていますし、セラミックスの材料となるさまざまな種類の粘土も堆積岩から採掘されています。

　金属などの元素もまた岩石から取り出されます。岩石にはあらゆる元素が含まれていますが、特定の元素が特に集まっている岩石を鉱石として採掘しています。鉱石をいろいろな化学反応や物理反応を使って処理することで目的の元素を取り出します。もっとも大量に生産されている金属は鉄です。世界で採掘されている鉄鉱石のほとんどはおもに27億年前から19億年前の海底に酸化鉄が沈殿してできた縞状鉄鉱床とよばれる堆積岩の鉱床から取り出されています。北アメリカ大陸やオーストラリア大陸の先カンブリア紀の地層にはとくに大規模な縞状鉄鉱床が存在していて、日本にも大量に輸入されています。採掘した鉄鉱石にさらに石炭や石灰石などの岩石を加えて溶融し、化学反応によって目的の鉄を取り出すのです。私たちの生活に不可欠な電気を伝えるための電線に使われる銅もアルミニウムも、そのほか現代社会に必要なあらゆる元素は岩石から取り出されているといってもよいでしょう。岩石は私たちの生活を支える宝物のかたまりなのです。

役に立つ岩石

57 きれいな石はみんな好き

　きれいな石を拾って宝物にしていたことはありませんか？　古代の人々もきれいな石が大好きだったようです。石器時代の遺跡からは遠く離れた地域でしか採れないきれいな石を加工したアクセサリーが見つかることがあります。たとえば、日本では新潟県の糸魚川地域で採れるきれいな翡翠でつくった石器がはるか離れた北海道や九州の遺跡からも見つかっています。まだ通貨がなかった古代の人々は、きれいな石をどんなものと交換して手に入れていたのでしょうね。

　道具が発達するにつれて、石を加工してさまざまな形にすることができるようになりました。翡翠はとてもかたい石ですが、縄文時代には翡翠の原石を磨いてピカピカにして、さらに紐を通して下げられるように孔を開ける技術がすでにありました。時代が進んで弥生時代になると翡翠や瑪瑙といったかたい石を自在に削って勾玉や管玉といった形に整えることができるようになりました。翡翠よりもかたい鉱物、たとえばガーネットなどの砂を研磨剤にして長い時間かけて磨いたと考えられています。人々は鉱物のかたさのちがいを見つけ、それをうまく使って岩石を加工できるようになってきたのです。そして、ルビーやサファイヤ、ダイヤモンドといったとてもかたい鉱物も加工できるようになり、それらの鉱物がもっとも光り輝いてきれいに見えるような形にすることもできるようになりました。現在では、世界各地で採掘されたじつにさまざまな石が宝石として加工されています。

　かたくていつまでも変わらない石は、見た目のきれいさだけではなく、なにか特別な力があると感じてそれを身に着けるようになったのです。昔から人々はパワーストーンに引き付けられていたのですね。

きほんミニコラム

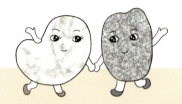

大理石とみかげ石

　大理石もみかげ石も石材の名前として広く使われていますが、どちらも岩石の種類を表す名前ではありません。大理石とは、もともとは中国南部の大理というところで採れる結晶質石灰岩の石材のよび名でした。やがて似たようなきれいな模様のある石灰岩の石材はみんな大理石とよばれるようになりました。みかげ石ももともとは兵庫県神戸市の六甲山（ろっこうさん）のふもとの御影（みかげ）でとれた花崗岩の石材名ですが、やがてかたい結晶質の岩石はみかげ石とみんなよばれるようになりました。日本の石材の名前には石材が採れる地名が付けられていることが多いです。みなさんの地域ではどんな名前の石材が採れますか。

Chapter 7

岩石を
感じてみよう

岩石を調べてみよう

　岩石から地球のさまざまな活動を知るためには、それぞれに適した調べ方があります。

　堆積岩は陸上や水中などに積もった泥や砂などの堆積物が固まった岩石です。ときには生物の遺骸が化石となって含まれていることもあります。化石となった生物の種類からどの時代にどんな環境で生きていた生物かがわかるので、その堆積物がどれぐらい昔にどんなところでできたかがわかります。そして、堆積物をつくる粒子の大きさや種類からはどんな環境でできた堆積物であるかがわかります。ですから、堆積岩の場合にはどんな大きさの粒子でできているか、どんな積もり方をしているか、あるいはどんな化石が入っているかを調べていきます。

　火成岩や変成岩は鉱物の結晶の集まりです。そして岩石をつくる鉱物の種類や量、組み合わせ、結晶の大きさなどはその岩石ができた地下での温度や圧力、あるいは元になったマグマや岩石の成分のちがいを表しています。ですから火成岩や変成岩を調べるときには、どんな鉱物がその岩石をつくっているのかを調べます。

　岩石を手に取って、またはルーペや顕微鏡などで拡大して観察するだけで岩石のそうした簡単な特徴を見つけることできます。私たち岩石研究者も最初はそうして特徴を見分けていきます。そしてもっと詳しく調べたいときには、岩石を光が通るぐらい薄くした薄片をつくって顕微鏡で観察したり、成分を分析する装置などでより多くのデータを取り出したりして、岩石のでき方を調べていきます。岩石を溶かしてその成分を調べたり、さまざまな方法を使って岩石ができてからの時間を測ったりします。みなさんもまずは岩石の謎解きの第一歩をはじめてみませんか。

岩石を感じてみよう

岩石を探そう

　みなさんが住んでいる近くに岩石はあるでしょうか？　都市の多くは平野の中にあります。そうした平野はまだ固まっていない堆積物で厚く覆われているところがほとんどなので、そうした平野の中に住んでいると自然の岩石が顔を出しているところを身近に見つけることはなかなかむずかしいかもしれません。いっぽう、山地などの起伏のあるところにはかたい岩石が顔を出していることが多いのです。なぜなら、起伏があり傾斜が大きいところはつねに流水で削られています。そしてかたい岩石は侵食されにくいので飛び出していることが多いからです。海岸の磯にも、波の侵食によって地面が削られて岩石が顔を出していますね。そうしたところでは、その土地をつくっている岩石を見ることができるのです。みなさんが見つけた岩石はどんな種類の岩石でしょう。そしてそれはいつの時代にどうやってできた岩石なのでしょう。岩石を調べると、私たちが住んでいる大地がどうやってできてきたのかがわかるのです。

　水によって削られた岩石は、礫となって川や海を運ばれていきます。河原にはそういった川の上流で削られたさまざまな岩石が礫となって転がっています。波の荒い海岸でも、海岸沿いで削られた岩くずや、海の注ぎ込む川の上流から運ばれてきた礫が堆積しています。そういった河原や海岸に落ちている岩石もまた、その場所のまわりにどんな岩石が分布しているのかを知る手がかりになります。

　岩石が侵食によって削り出されて露出していたり、また大きな礫が運ばれて積もっていたりするということは、そこに波浪（はろう）や水流による大きな侵食や運搬の力が働いているということです。ですから野外の岩石が出ているところに行くときには、そうした波や川の流れに十分気をつけて、安全に観察するようにしましょう。

自然の中の岩石を探しに行ってみよう！
おすすめはズバリ、

山 と 水辺

岩の露出した斜面

切り通しでは地層も観察できる

すごーい♪

海岸の岩場

石特盛りだ〜♪

最高！

河原にも石がいっぱいあるよね♥

岩石を感じてみよう

石材を見てみよう

　建物などには、日本国内はもちろん世界中から取り寄せられたさまざまな種類の岩石が使われています。石材はきれいに加工されていることが多いので、岩石をつくる鉱物や岩石の細かい組織を観察するのに最適です。

　お城の石垣などの古い建造物にはたいてい近くで採れる岩石が使われています。東京の真ん中にある江戸城の石垣には箱根火山など伊豆半島の安山岩の溶岩がたくさん使われています。大阪城の石垣には近畿地方や瀬戸内海沿岸で採れた花崗岩が使われていますね。使われている石材の違いで、江戸城の石垣は黒っぽく、大阪城の石垣は白っぽく見えます。そのほか、加藤清正の熊本城は阿蘇の溶結凝灰岩を、御三家の一つ紀州和歌山城は三波川変成岩の結晶片岩をふんだんに使っています。みなさんの近くの石垣にはどんな石が使われているでしょうか。

　現代のビルなどには、見た目が美しくまた用途に合った石材が世界中から輸入されて使われています。はんれい岩や花崗岩などの深成岩や片麻岩などの変成岩はかたくすり減りにくいので敷石によく使われています。スカンジナビアや中国大陸、南アフリカなど、先カンブリア紀の大陸をつくっている深成岩や変成岩がたくさん輸入されて使われています。石灰岩も石材としてよく使われている岩石です。とくにヨーロッパ中南部から中近東にかけての地域には中生代の浅い海に堆積した石灰岩がたくさん分布していて、盛んに石材として採掘されています。アンモナイトやベレムナイトなどの化石を豊富に含む石灰岩は建物の壁の化粧板として使われているので"ビルでの化石探し"などの対象として紹介されているのを見たことがあるかもしれません。どんな種類の石が使われているか、街を歩きながら見てみましょう。

街の中にもたくさんある岩石

ほかにも大きなビルや駅の柱や階段、公園の噴水や花壇のふち、街中のオブジェなど、観察するといろいろ見つかるよ！

岩石を感じてみよう

61 もっと岩石を知るなら博物館やジオパーク

　もっと岩石のことを学んでみたいという人は、博物館やジオパークなどを訪れてみるとよいでしょう。ジオパークとは、地質やそれがつくる地形などから、地球の仕組みや過去、大地の成り立ちなどを知ることができるエリアです。地域ごとの特徴のある岩石について、実際に野外にある状態で観察することもできるように工夫されています。

　全国各地にある自然史をあつかう博物館にも、さまざまに工夫された岩石の展示があります。国立科学博物館などの大きな博物館では、全国の岩石や世界各地の岩石も網羅的に収集・展示されています。そうした岩石から明らかにされてきた日本全体や地球のでき方について、実物の標本を見ながら学ぶことができるようにさまざまな工夫がなされています。それぞれの地域にある博物館では、その地域で見られる岩石を特に詳しく見ることができますので、その地域の大地のでき方を知るのにぴったりです。また、各地の大学などにも工夫を凝らした博物館などの施設を持っているところもたくさんあります。

　博物館の役割は、標本を展示して見せるだけではありません。多くの博物館には学芸員や研究員などの専門家がいます。そしてみなさんのいろいろな疑問や質問にも答えてくれます。みなさんがなんだろう、調べてほしいと思う岩石について教えてもらえるかもしれません。もしかするととても大事な地球の秘密の鍵を隠し持っている岩石かもしれませんよ。

世界や全国の石を見るならば
- 国立科学博物館（東京都台東区）
- 地質標本館（茨城県つくば市）

など

各地の博物館やジオパーク、
大学の展示施設でも石が見られます
- 神奈川県立生命の星・地球博物館
  （神奈川県小田原市）
- ミュージアムパーク茨城県自然博物館（茨城県坂東市）
- フォッサマグナミュージアム（新潟県糸魚川市）
- 大鹿村中央構造線博物館（長野県大鹿村）
- 秋田大学鉱業博物館（秋田県秋田市）

などなど全国にたくさんあります。

62 ジオパークはほんものの博物館

岩石を感じてみよう

　ジオパークでは、地球の成り立ちを物語るさまざまな岩石を自然の中で見ることができます。ジオパークには、その地域の地質や岩石を知るための博物館施設や、実際に特徴的な岩石が見られるジオスポットなどが整備されています。また実際にどのような場所に行ってどのように観察すればよいのかを案内するガイドツアーなどの催し物も準備されています。ジオパークを訪れて、ほんものの岩石を見てみましょう。

見ることのできる岩石
- ●火山岩
- ●堆積岩
- ●変成岩
- ●深成岩

おもに火山岩が見どころのジオパーク

1. 洞爺湖有珠山●
2. 白滝●
3. とかち鹿追●
4. 十勝岳●
5. 下北●
6. 八峰白神●
7. 男鹿半島・大潟●
8. 鳥海山・飛島●
9. ゆざわ●
10. 栗駒山麓●
11. 磐梯山●
12. 浅間山北麓●
13. 下仁田●●●
14. 箱根●
15. 伊豆大島●
16. 伊豆半島●
17. 苗場山山麓●
18. 佐渡●
19. 山陰海岸●
20. 島根半島・宍道湖中海●●
21. 隠岐●
22. 萩●●
23. 島原半島●
24. 阿蘇●
25. おおいた姫島●
26. おおいた豊後大野●●
27. 霧島●
28. 桜島・錦江湾●
29. 三島村・鬼界カルデラ●

下司信夫（げし のぶお）
火山地質学者。九州大学大学院理学研究院・地球惑星科学部門教授。火山を中心に、日本国内や世界の火成岩を調査している。主な著作に「火山のきほん」（誠文堂新光社）、「火山全景」（誠文堂新光社）、「日本の地形・地質」（文一総合出版）がある。

斎藤雨梟（さいとう うきょう）
イラストレーター・画家。主な著作に「火山のきほん」（誠文堂新光社）、「ふしぎなトラのトランク」（鈴木出版）、「マンガかんきょう玉手箱」（パイオニア株式会社web）がある。書籍・学校教科書・webなどでイラストを担当する傍ら個展・グループ展でも作品を発表中。

装丁＋デザイン　佐藤アキラ

やさしいイラストでしっかりわかる
石がかたいのはなぜ？ いろいろな石があるのはどうして？
地球の活動を読み解く岩石の話
岩石のきほん

2025年5月9日　発　行　　　　　　　　　　NDC450

著　　　者	下司信夫・斎藤雨梟	
発　行　者	小川雄一	
発　行　所	株式会社 誠文堂新光社	
	〒113-0033 東京都文京区本郷3-3-11	
	https://www.seibundo-shinkosha.net/	
印　刷　所	株式会社 大熊整美堂	
製　本　所	和光堂 株式会社	

Ⓒ Nobuo Geshi, Ukyo Saito. 2025　　　　Printed in Japan

本書掲載記事の無断転用を禁じます。

落丁本・乱丁本の場合はお取り替えいたします。

本書の内容に関するお問い合わせは、小社ホームページのお問い合わせフォームをご利用ください。

JCOPY <（一社）出版者著作権管理機構 委託出版物>
本書を無断で複製複写（コピー）することは、著作権法上での例外を除き、禁じられています。本書をコピーされる場合は、そのつど事前に、（一社）出版者著作権管理機構（電話 03-5244-5088／FAX 03-5244-5089／e-mail：info@jcopy.or.jp）の許諾を得てください。

ISBN978-4-416-52454-1